AF525598

ULMERS TASCHENATLAS

Cornel Adler, Stefan Kühne, Sara Preißel,
Sabine Prozell, Matthias Schöller

VORRÄTE RICHTIG SCHÜTZEN UND LAGERN

in Landwirtschaft, Verarbeitung und Handel

Inhaltsverzeichnis

Die Bedeutung des Vorratsschutzes

Pflanzliche Produkte durchlaufen von der Ernte bis zum Verzehr oft lange Wege mit vielen Stationen und unterschiedlicher Lagerdauer. Der Vorratsschutz ist auf diesem Weg ein wichtiges Element zur Aufrechterhaltung der Produktqualität lagerfähiger Ernteprodukte, Lebensmittel, Futter- oder Genuss- und Arzneimittel. Ziel ist es, sichere Lebensmittel für die Verbraucher, aber auch sichere Futtermittel für Nutztiere bereitzustellen. Die Forschung und Entwicklung der letzten Jahre hat viele Erkenntnisse zur Vermeidung, Früherkennung und Bekämpfung von Schädlingen hervorgebracht, die in diesem Buch erläutert werden. Dabei haben im Ökologischen und im Integrierten Landbau biologische und physikalische Maßnahmen an Bedeutung gewonnen, sodass chemische Bekämpfungsmaßnahmen oft vermieden und Risiken für Anwender, Verbraucher und Umwelt minimiert werden können. Noch wichtiger als Bekämpfungsmaßnahmen sind heute nachhaltige Strategien zur Vermeidung von Schädlingsbefall. Durch eine übersichtliche Vorstellung der verbreiteten Schädlinge und in der Praxis anwendbarer Nützlinge und Praxistipps bietet dieses Buch einen praktischen Wegweiser für alle, die trockene Vorräte erzeugen, handeln, lagern, verarbeiten und verbrauchen. Die Lagerung frischer und feuchter Produkte, wie Obst und Gemüse, und deren Lagerkrankheiten sind dagegen nicht Teil dieses Nachschlagewerks.

Vorratsschutz
Entsprechend dem Pflanzenschutzgesetz ist Vorratsschutz definiert als „Schutz der Pflanzenerzeugnisse vor Schadorganismen“. Pflanzenerzeugnisse werden dort definiert als „Erzeugnisse pflanzlichen Ursprungs, die nicht oder nur durch einfache Verfahren, wie Trocknen oder Zerkleinern, be- oder verarbeitet worden sind, ausgenommen verarbeitetes Holz“. Werden mehrere Pflanzenerzeugnisse beispielsweise zu einem Müsli oder zu Mischfutter vermischt, gilt nicht mehr das Pflanzenschutzrecht, sondern das Biozidrecht. Mehr zu den gesetzlichen Regelungen finden Sie ab Seite 53.

Getreide und Hülsenfrüchte, aber auch Heil- und Gewürzpflanzen, Trockenobst, Kakao- und Kaffeebohnen, Tees oder Tabak werden weltweit gehandelt, transportiert, gelagert und verarbeitet. Die Rohwaren und Verarbeitungsprodukte sind nicht nur für Menschen, sondern auch für viele andere Organismen interessant, die wir als Schadorganismen definieren. Es gibt zahlreiche spezialisierte Schädlinge, allen voran Insekten, die sich unter den oft trockenen Bedingungen gut vermehren können. Auch Mäuse, Ratten und Vögel finden gelegentlich ihren Weg ins Vorratslager und kommen z. B. durch Ritzen, Spalten, offene Fenster und andere Öffnungen in die Lagerhallen. Ihr hervorragender Geruchssinn leitet dabei sowohl Insekten als auch Wirbeltiere zielsicher zum Lagergut. Auf diese Weise wird auch in Mitteleuropa noch ein Teil der Ernte vernichtet.

Schon eine anfangs geringe Anzahl von Schädlingen feuchtet durch ihre Atemtätigkeit nach einigen Wochen das Lagergut lokal so stark an, dass Schimmelpilze auskeimen und wachsen. Etliche von diesen bilden Pilzgifte, die Mykotoxine. Durch Vermischung des Lagerguts beim Transport können komplette Getreidepartien mit einer kleinen Menge verschimmelten Lagerguts kontaminiert werden, sodass diese nicht mehr als Nahrungsmittel für Mensch oder Tier zu verwenden sind. Grundsätzlich bieten alle Lagerformen vom Erzeugerbetrieb bis zu Verarbeitung, Handel und Haushalt Risiken für Schädlingsbefall und Verderb.

Für die Landwirte im Erzeugerbetrieb kann die Zwischenlagerung des Ernteguts auf dem Hof eine gute Möglichkeit sein, um die Ernte zu einem späteren Zeitpunkt für einen besseren Preis zu verkaufen oder als Tierfutter vorzuhalten. Je nach betrieblichen Gegebenheiten und geplanter Lagerdauer richten sie dafür Lager in verschiedensten Behältnissen oder Bauformen ein, die unterschiedliche Risiken bergen. Offene Oberflächen oder durchlässige Gewebe erleichtern einen Befall. Auch in geschlossenen Silos ermöglichen Belüftungsschlitze, Fugen oder Zuläufe Insekten den Zutritt. Eine Gasdichtigkeit ist nicht gegeben. Im Freien stehende Silos sind Temperaturschwankungen ausgesetzt und erhöhen das Risiko für die Kondensation von Wasser an der Innenwand. Mit der Feuchtigkeit entstehen auch Staubanhaftungen an Außenwänden, die Schimmel und die Verunreinigung mit Mykotoxinen begünstigen. In Ritzen und Fugen sammelt sich Lagergut, das schwer zu entfernen ist und Schädlingen einen Entwicklungsraum bietet. Kommt es in Lager- und Verarbeitungsbetrieben zu Ansammlungen von Produktresten, ist der Schädlingsbefall nur eine Frage der Zeit. Deshalb sind die kritische, regelmäßige Inspektion und die Reinigung wichtige Maßnahmen zur Schädlingsvermeidung.

Im Rahmen des Katastrophenschutzes werden durch die Bundesrepublik Deutschland Brotgetreide wie Weizen, Roggen und Hafer langfristig eingelagert. Wird dort beispielsweise bei Weizen eine Kornfeuchte von maximal 13 % eingehalten, ist er etwa zehn Jahre lang lagerfähig, während schon bei nur einem Prozent höherer Kornfeuchte bereits nach sechs Monaten Lagerdauer die Keimfähigkeit auf unter 90 % absinkt. Durch die Bundesreserve sollen in Krisensituationen kurzfristig Engpässe in der Versorgung der Bevölkerung überbrückt werden. Dies zeigt die Bedeutung der Vorratshaltung für die gesamte Gesellschaft.

Der Klimawandel könnte durch extreme Wetterereignisse die Ernten unsicherer und damit die Lebensmittelreserven wertvoller machen. Dadurch steigt die Bedeutung guter Lagerungstechnik.

Was sind Vorratsschädlinge?

Vorratsschädlinge
Vorratsschädlinge sind Organismen, die trockene und lagerfähige Ernteprodukte befallen und abbauen können und dadurch Verluste und Qualitätseinbußen verursachen. Vorratsschädlinge können in tierische und mikrobielle Schaderreger unterschieden werden. Trocknen bei hohen Temperaturen Produkte an der Pflanze ausreichend ab, kann Befall mit Vorratsschädlingen bereits im Feld entstehen. Dies ist aus tropischen Klimaten bekannt, kommt aber in letzter Zeit zunehmend auch in Deutschland vor.
Abzugrenzen sind Vorratsschädlinge von den Lagerkrankheiten und Schädlingen an gelagertem frischem Obst und Gemüse (wie *Botrytis*, der Grauschimmel an Erdbeeren oder Fruchtfliegen an Weintrauben), von Materialschädlingen (wie Kleidermotten und Holzwürmern) und von Hygiene-/Gesundheitsschädlingen (wie Fliegen, Mücken oder Schaben).

Je nach Ernteprodukt werden verschiedene Gruppen von Schaderregern unterschieden. In leicht verderblichen Vorräten wie Obst und Gemüse sind Mikroorganismen die wichtigsten Schaderreger. Frucht- und Essigfliegen können Fäulniserreger und Schimmelpilze übertragen. Diese Schadorganismen werden im Folgenden nicht weiter berücksichtigt, da es in diesem Buch um trockene und lagerfähige Vorratsgüter geht.

Die tierischen Schaderreger teilen sich auf in die Gruppen der Insekten, Milben, Nagetiere und Vögel. In trockenen und gut lagerfähigen Ernteprodukten wie Getreide, Nüssen, Trockenobst, Hülsenfrüchten, Gewürzen und pflanzlichen Drogen sind Insekten die wichtigsten Schaderreger. In Mitteleuropa sind 60 bis 80 Käferarten (Coleoptera) und 20 bis 30 Mottenarten (Lepidoptera) sowie die Staubläuse (Psocoptera) auf Vorräte spezialisiert. Außerdem werden auch versehentlich Schaderreger importiert, z. B. winzige Wespen der Gattung *Systole*, die sich als Schadinsekten in Samen von Anis oder Kümmel entwickeln.

Trockene Lebensbedingungen

Vorratsschädliche Insekten können ihren gesamten Lebenszyklus in einem trockenen Lebensraum ohne zusätzliche Wasserquelle vollenden. Meist können die Insekten die gelagerten Produkte nicht nur fressen, sondern sich in ihnen auch vermehren und über die gesamte Zeit ihres Lebens aufhalten. Dazu haben typische vorratsschädliche Insekten die Fähigkeit entwickelt, mit der Produktfeuchtigkeit des Lagerguts auszukommen. Zusätzlich für ihren Stoffwechsel benötigtes Wasser erzeugen die Tiere durch Atmungsprozesse, also die Oxidierung von Kohlenhydraten unter Nutzung des Luftsauerstoffs. Dies erklärt, warum bei Sauerstoffmangel nicht nur der Energiestoffwechsel, sondern auch der Wasserhaushalt der Insekten stark beeinträchtigt wird.

Da bei der Atmung außer Wasser und Kohlendioxid auch Energie erzeugt wird, sorgen Vorratsschädlinge für eine lokale Erwärmung und Befeuchtung des befallenen Vorrats. In gewissen Grenzen begünstigen Insekten dadurch ihre eigene Entwicklung, da sie ektotherme Tiere sind, die sich im warmen und feuchten Milieu schneller entwickeln. Die meisten vorratsschädlichen Insekten kommen ursprünglich aus tropischen und subtropischen Klimaten und entwickeln sich am besten bei Temperaturen von 28–35 °C und relativen Luftfeuchten ab 65 %. Deshalb suchen die Tiere innerhalb eines Lagers auch oft nach den wärmsten und feuchtesten Bereichen.

Andererseits lässt sich ihre Entwicklung in der Regel unterbinden, sobald die Temperaturen unter den Entwicklungsnullpunkt von etwa 14 °C gefallen sind oder extreme Trockenheit im Lager herrscht. Bei einer Luftfeuchte von unter 30 % und einer daraus resultierenden Kornfeuchte von unter 9 % wird Getreide so hart, dass auch der Kornkäfer ein gesundes Korn nicht mehr angreifen kann und verhungert. Die Anpassung an sehr trockene Lebensbedingungen und die sehr gute Orientierung nach Geruchsstoffen (Chemotaxis) dürften zu den Gründen gehören, warum von den deutlich mehr als eine Million Insektenarten im Tierreich nur so wenige zu Vorratsschädlingen geworden sind.

Sekundärschädlinge

Primärschädlingen, die intakte Körnerfrüchte angreifen können, folgen weitere, Sekundärschädlinge, die feuchtere Lebensräume, bereits geöffnete Getreidekörner oder Fraßstaub bevorzugen. Dazu gehören z. B. Getreideplattkäfer und Milben. Letztere sind kleine Spinnentiere, die sich oft von Insekten über weite Strecken zu geeigneten Lebensräumen tragen lassen. Bei erhöhter Produktfeuchte, in Weizen z. B. ab einem Kornfeuchtegehalt von etwa 15 % oder einer relativen Luftfeuchte ab etwa 70 %, werden die Milben aktiv und vermehren sich schnell. In der Natur sind Vorratsschädlinge als Reduzenten für den Abbau trockener organischer Substanz nützlich. Im Vorratslager sind Milben jedoch durch geeignete Lagerungstechnik unbedingt fernzuhalten, weil sie toxische Stoffwechselprodukte ausscheiden und weil bei einer für Milben geeigneten Feuchte auch schädliche Pilze auftreten.

Zu den schädlichen Pilzen gehören beispielsweise die weit verbreiteten Schwärzepilze der Gattung *Aspergillus* und *Alternaria* oder Schimmelpilze der Gattung *Penicillium* und *Fusarium*. Sie sind in der Lage, Pilzgifte (Mykotoxine) zu erzeugen, die zu den giftigsten natürlich erzeugten Substanzen zählen. Deshalb ist ein integrierter Vorratsschutz, bestehend aus Vorbeugung, Früherkennung (Monitoring) und notfalls auch Schädlingsbekämpfung, erforderlich.

Mykotoxine und Faulgase

Unter den Mikroorganismen gibt es typische Schwärzepilze, wie die Gattungen *Aspergillus* oder *Alternaria*, die in Weizen z. B. ab einem Kornwassergehalt von etwa 17 % und einer relativen Luftfeuchte von etwa 80 % aktiv werden. Auch Penicilien und schon auf dem Feld gefährliche Fusarien können bei diesen Feuchtegehalten auskeimen, falls ausreichend Luftsauerstoff verfügbar ist. Viele dieser Pilze erzeugen unter bestimmten Bedingungen hochgiftige Mykotoxine, wobei kleine Mengen verpilzter Vorratsgüter das gesamte Lager kontaminieren können.

Bei noch höheren Feuchtegehalten mit Anwesenheit von Wasser kommen Fäulnisbakterien hinzu, die teilweise auch ohne Sauerstoff gedeihen können. Durch mikrobiellen Abbau können unter Umständen Faulgase entstehen, die sich bei ausreichender Konzentration selbst entzünden und so zu einem Feuer im Vorratslager führen können.

Nagetiere und Vögel können ebenfalls gelagerte Vorräte schädigen, benötigen aber eine externe Wasserquelle und lassen sich durch gute bauliche Bedingungen leichter fernhalten. Da die Wirbeltiere auch Krankheitskeime übertragen können (z. B. Hantaviren, Salmonellen), werden Nagetiere hauptsächlich nach dem Biozidrecht bekämpft.

Abwehrstrategien

Im Wettlauf um das Überleben haben Pflanzen gegenüber ihren Fressfeinden unterschiedliche Abwehrstrategien entwickelt. Dazu gehören mechanische Barrieren, wie z. B. die Einlagerung von Silikaten oder die Bildung von Bitterstoffen, ätherischen Ölen und anderen chemischen Giftstoffen. Im Gegenzug haben sich unter den Schaderregern Spezialisten entwickelt, die bestimmte Schutzmechanismen der Pflanzen durch Anpassungen überwinden können. Tabakkäfer und Tabakmotte können z. B. das Nikotin mithilfe von Darmbakterien entgiften. Generell ist davon auszugehen, dass alle trockenen pflanzlichen Stoffe von mindestens einem tierischen Organismus angegriffen werden können. Nicht befallen werden die nikotinreichen Orienttabake sowie geröstete Kaffeebohnen und schwarzer Tee, vermutlich aufgrund ihres geringen Nährstoff- und hohen Koffeingehalts. Nicht befallen von Vorratsschädlingen werden auch Öle, Zucker und Salz.

Verbreitungswege

Früher ging man davon aus, dass viele vorratsschädliche Insekten ausschließlich passiv verbreitet werden, also über Verschleppung mit den Vorratsgütern. Heute weiß man, dass viele Insekten bei Temperaturen über 15 °C durchaus auch im Freiland unterwegs sind und hervorragend anhand von Duftstoffen zu lagernden Vorräten finden können. Viele Käfer locken Artgenossen mit Aggregationspheromonen, also zusätzlichen Duftsignalen, in von ihnen gefundene geeignete Substrate.

In warmen Klimaten können Vorratsschädlinge ausreichend trockenes Getreide schon auf dem Halm befallen. Mit heißer werdenden Sommern wurde dies auch in Mitteleuropa beobachtet. Bisher waren in unseren Breiten aber die Zeiten des Abtrocknens am Halm so kurz, dass wir nach der Ernte in der Regel unbefallenes Getreide erhalten haben. Feldschädlinge überleben den Mähdrescher und die Bedingungen im trockenen Vorratslager nicht oder nicht lange.

Gesundheits- und Materialschädlinge

Echte Vorratsschädlinge werden unterschieden von Gesundheitsschädlingen und Materialschädlingen. Fliegen, Schaben, Zecken, Mücken oder Ameisen, die als Vektoren Krankheitskeime übertragen können, gelten als Gesundheitsschädlinge. Nagetiere, wie Ratten und Mäuse, sind einerseits Vorratsschädlinge, werden aber auch als Gesundheitsschädlinge eingestuft, weil sie Krankheitserreger über die Kontamination von Vorräten auf den Menschen übertragen können (z. B. Bandwürmer, Bakterien, Viren). Die Bekämpfung der Gesundheitsschädlinge wird durch das Bundesinfektionsschutzgesetz gesetzlich geregelt.

Materialschädlinge, wie Kleidermotten, Termiten und Bockkäfer, können in Wollstoffen, Filzen, Fellen, Federn oder verarbeiteten Hölzern Schäden anrichten. Hier greift das Biozidgesetz. Nur im Wald lagernde Rundhölzer werden wie Vorräte nach dem Pflanzenschutzrecht behandelt.

Vorratsschutz im Integrierten und Ökologischen Landbau

Integrierter Pflanzenschutz

Integrierter Pflanzenschutz
Der Integrierte Pflanzenschutz ist nach dem Pflanzenschutzgesetz definiert als eine „Kombination von Verfahren, bei denen unter vorrangiger Berücksichtigung biologischer, biotechnischer, pflanzenzüchterischer sowie anbau- und kulturtechnischer Maßnahmen die Anwendung chemischer Pflanzenschutzmittel auf das notwendige Maß beschränkt wird". Die allgemeinen Grundsätze des integrierten Pflanzenschutzes sind in Anhang III der Pflanzenschutz-Rahmenrichtlinie (Richtlinie 2009/128/EG) definiert und gelten auch für den Ökologischen Landbau. Darüber hinaus präzisieren und stärken die privatrechtlich organisierten Verbände des Ökolandbaus die Bedeutung vorbeugender Maßnahmen und verzichten vollständig auf chemisch-synthetische Pflanzenschutzmittel.

Die moderne Landwirtschaft folgt zwei unterschiedlichen Bewirtschaftungssystemen, die durch Gesetze auf europäischer und nationaler Ebene geregelt werden. Im Rahmen der „guten fachlichen Praxis" ist die Einhaltung der Leitlinien des Integrierten Pflanzenschutzes für alle Pflanzenschutz-Anwender verbindlich (§3 Pflanzenschutzgesetz). Die Grundsätze des Integrierten Pflanzenschutzes wurden im Aktionsplan Vorratsschutz für diesen Sektor angepasst. Die wichtigsten Grundsätze sind:

- Vorbeugung durch geeignete Lager, Lagerhygiene, Reinigung, Kühlung

Link zur Leitlinie für den Integrierten Pflanzenschutz im Vorratsschutz

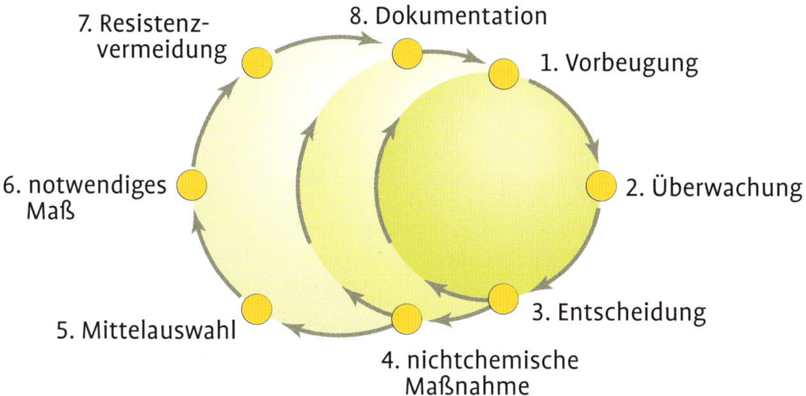

Entscheidungsgrundsätze nach der Leitlinie für den Integrierten Pflanzenschutz im Sektor Vorratsschutz

und Trocknung sowie weitere Maßnahmen. Die Bedeutung vorbeugender Maßnahmen wird auch durch Hygienevorschriften für die landwirtschaftliche Lagerung („gute Hygienepraxis") und die Lebensmittelindustrie („HACCP-Standard") zusätzlich untermauert.

- Überwachung durch Eingangskontrollen, Monitoring und qualifizierte Beratung.
- Auf der Grundlage der Vorbeugung und Überwachung wird, ggf. unterstützt durch qualifizierte Beratung, über Pflanzenschutzmaßnahmen entschieden. Dabei sollen folgende Grundsätze berücksichtigt werden:
- Biologische, physikalische, mechanische und andere nicht-chemische Methoden sind gegenüber chemischen Maßnahmen vorzuziehen.
- Chemische Mittel sind möglichst zielartenspezifisch und mit geringstmöglichen Nebenwirkungen auszuwählen.
- Die Anwendung chemischer Mittel ist auf das notwendige Maß zu reduzieren (geeignete Technik, Teilpartien behandeln, Häufigkeit und ggf. Aufwandmenge sind zu reduzieren).
- Resistenzbildung ist zu verhindern (Wirkstoffwechsel).
- Alle Maßnahmen sollen dokumentiert werden, um ihren Erfolg zu überprüfen.

Generell gilt, dass durch geeignete Vorbeugung, Früherkennung und vorzugsweise die Nutzung nicht-chemischer Abwehrverfahren die Anwendung der chemischen Schädlingsbekämpfung auf ein Minimum zu reduzieren ist. Dies ist im Vorratsschutz auch deshalb wichtig, weil die Konsumenten keine Rückstände in Lebensmitteln tolerieren und gleichzeitig höchste Ansprüche an Hygiene und Schädlingsfreiheit stellen.

Ökologischer Landbau

Der Ökologische Landbau ist eine besonders ressourcenschonende und umweltverträgliche Wirtschaftsform, die sich am Prinzip der Nachhaltigkeit orientiert. Im Vorratsschutz gilt hier allgemein die Forderung, Produkte „so zu lagern und zu transportieren, dass eine mögliche Qualitätsbeeinträchtigung oder auch Umweltbelastung minimiert wird“ (laut Richtlinien verschiedener Anbauverbände). Das bezieht sich nicht nur auf die Bekämpfungsmaßnahmen, sondern auch auf die verwendeten Materialien und Reinigungs- und Desinfektionsmittel. Die einzelnen Verbände des Ökologischen Landbaus geben Richtlinien zur Schädlingsvermeidung und -bekämpfung heraus und gehen darin zum Teil noch einmal differenziert auf den Vorratsschutz ein.

Im Ökologischen Landbau gelten auch die Entscheidungsabläufe des Integrierten Pflanzenschutzes sowie die Priorisierung von vorbeugenden Maßnahmen gegenüber direkten Bekämpfungmaßnahmen (EU-Öko-Basisverordnung, Artikel 12). Die Bedeutung vorbeugender und biologischer Maßnahmen wird durch verschiedene Anforderungen noch verstärkt:

- Der Ökologische Landbau verzichtet in seiner gesamten Wertschöpfungskette grundsätzlich auf Schädlingsbekämpfung mit synthetischen Wirkstoffen.
- Als Wirkstoffe für die Schädlingsbekämpfung sind derzeit allein inerte Gase, Pyrethrum und Kieselgur anwendbar, die als natürliche oder naturgemäß gewonnene und wenig umweltbelastende Wirkstoffe anerkannt sind und nicht zu Schadstoffbelastungen des Ernteguts führen. Zudem sind im Bereich der verarbeiteten Lebensmittel Pheromone in Verteilern sowie Antikoagulantien in Nagerfallen anwendbar.
- Verschiedene Verbandsrichtlinien fordern, vorbeugende Maßnahmen sorgfältig und umfassend anzuwenden und zu dokumentieren.

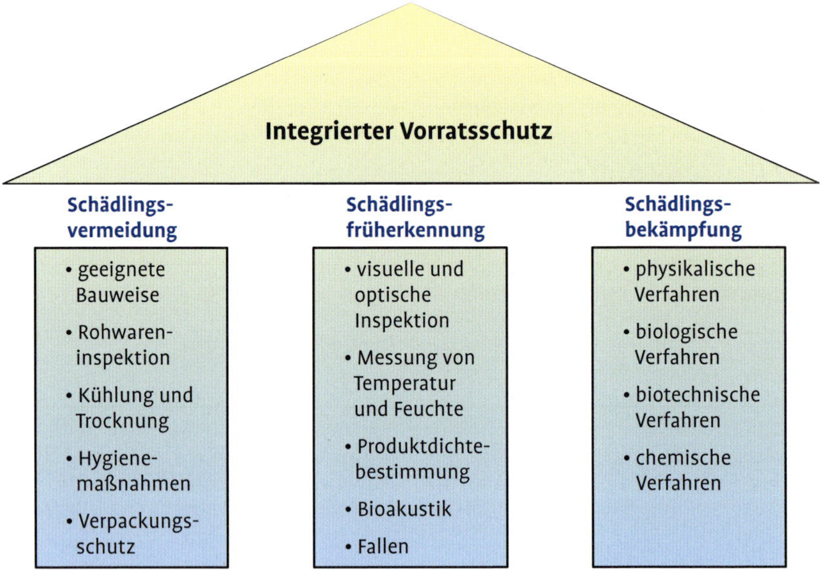

Integrierter Vorratsschutz

Schädlingsvermeidung	Schädlingsfrüherkennung	Schädlingsbekämpfung
• geeignete Bauweise • Rohwareninspektion • Kühlung und Trocknung • Hygienemaßnahmen • Verpackungsschutz	• visuelle und optische Inspektion • Messung von Temperatur und Feuchte • Produktdichtebestimmung • Bioakustik • Fallen	• physikalische Verfahren • biologische Verfahren • biotechnische Verfahren • chemische Verfahren

Die drei Säulen des Integrierten Vorratsschutzes (nach Adler 1998). Der Ökologische Landbau verzichtet auf chemisch-synthetische Verfahren.

- Einzelne Anbauverbände fordern, Bekämpfungsmaßnahmen von professionellen Unternehmen durchführen zu lassen. Diese müssen in einem Vertrag die Einhaltung der Verbandsrichtlinien garantieren.
- Bei einzelnen Anbauverbänden müssen etwaige Bekämpfungsmaßnahmen durch den Anbauverband genehmigt werden. In diesem Zusammenhang können sie von ihrem Mitglied für die Zukunft verbindlich eine Intensivierung der vorbeugenden Maßnahmen einfordern.

In jedem Fall müssen die Anwender vor entsprechenden Regulierungsmaßnahmen die EU-Öko-Basisverordnung, das nationale Pflanzenschutz- oder Biozidrecht und gegebenenfalls die Richtlinien der Öko-Anbauverbände auf Konformität prüfen.

Der Pflanzenschutz im Ökologischen Landbau
Der Pflanzenschutz im Ökologischen Landbau basiert auf der „Erhaltung der Pflanzengesundheit durch vorbeugende Maßnahmen, (...) mechanische und physikalische Methoden und der Anwendung von Nützlingen".
Pflanzenschutzmittel dürfen nur „bei einer festgestellten Bedrohung der Kulturen" eingesetzt werden. Pflanzenschutz-, Reinigungs- und Desinfektionsmittel müssen für die Verwendung im Ökolandbau zugelassen sein. Diese Zulassung setzt voraus, dass die Stoffe „pflanzlichen, tierischen, mikrobiellen oder mineralischen Ursprungs" sind und die Verwendung „unerlässlich für die Bekämpfung eines Schadorganismus" ist, „zu dessen Bekämpfung keine anderen biologischen, physischen (...) oder sonstigen effizienten Bewirtschaftungspraktiken zur Verfügung stehen".
EU-Öko-Basisverordnung 834/2007 Artikel 5, 12, und 16.
Für weitere zu beachtende Gesetze siehe Kapitel „Gesetzliche Regelungen".

Schädlingsvermeidung

Grundsätzlich unterliegen alle Betriebe, die Lebensmittel herstellen, in Umlauf bringen und vertreiben, der europäischen Lebensmittelhygieneverordnung. Danach sind alle Lebensmittelhersteller verpflichtet, alles in ihrer Macht Stehende zu tun, um eine negative Beeinflussung von Lebensmitteln zu vermeiden. Dies gilt auch für den bäuerlichen Lagerhalter und auch vor der Entscheidung, ob eine Getreideernte zum Lebensmittel, Futtermittel oder Energielieferanten werden soll. Vor der Einlagerung muss das Erntegut ausreichend abgereift, trocken und vorgereinigt sein. Unkrautsamen binden oft eine höhere Feuchte, und zusammen mit Staub und Spelzen blockieren sie Zwischenräume im Getreide, was die Wärme- und Feuchteabführung durch natürliche Thermik behindert.

Bauweise von Vorratslagern

Trockene Lagerung
Räume für die Lagerung oder Verarbeitung von Vorräten müssen eine Reihe von Ansprüchen erfüllen. Gehen wir von einem bäuerlichen Lager aus, so sollten die Erntegüter trocken lagern. Dies bedeutet, dass ein ausreichender Schutz gegen Feuchtigkeit gegeben sein muss. Feuchtigkeit kann über ein undichtes Dach, Öffnungen im Mauerwerk, offene Tore oder Fenster eindringen oder über Kondensation an einer kalten Außenwand entstehen. Bodenfeuchtigkeit kann über rissige Böden aufsteigen und so gelagerte Ernteprodukte schädigen. All dies muss baulich ausgeschlossen werden. Bei der Lagerung von Schüttgütern wie Getreide ist deshalb durch Spundwände, z. B. vertikale Doppel-T-Träger mit Holzbohlenwänden, ein Abstand zu kühlen Außenwänden zu halten. Dieser Abstand sollte auch Inspektionsgänge zulassen.

Die Böden des Lagers sollten hart, glatt, gasdicht und gut zu reinigen sein. Vorteilhaft sind helle Oberflächen, damit Schmutz und Befall gut zu erkennen sind. Der Übergang zu den Außenwänden sollte möglichst rund ausgegossen sein, da sich runde Ecken leichter reinigen lassen. Die Außenwände sollten aber auch gut isoliert sein und bei Klimaschwankungen möglichst wenig arbeiten, weil sonst die gerundeten Scheuerleisten wieder abreißen und sich Ritzen und Schlupflöcher für Schadorganismen bilden können. Sind in den Böden Dehnungsfugen nötig, so sollten diese regelmäßig weitgehend verschlossen und mit Kieselgur behandelt werden, damit hier kein Raum für Getreidereste und Insekten entsteht.

Das Dach des Lagers sollte eine Wärmeisolierung haben und je nach angestrebter Lagerhöhe ausreichend Kopfraum bieten, damit es auch in Sommermonaten nicht zu einem Hitzestau über dem Lagergut kommt. Eine Querlüftung kann sinnvoll sein, um notfalls feuchte Luft abzusaugen und frische Luft in das Lager zu ziehen. Im Schüttgutlager ist auch eine Kühlbelüftung von unten sinnvoll, über die schon früh im Herbst eine Kühlung des Lagerguts eingeleitet werden kann.

Anforderungen an ein Vorratslager

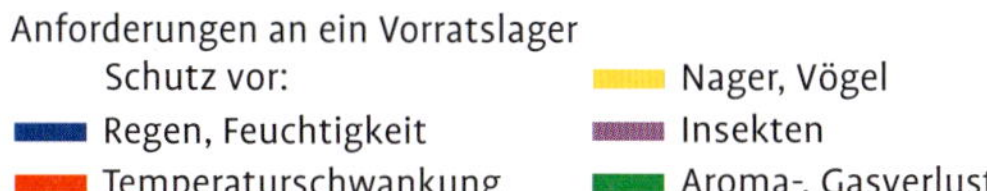

Versteckmöglichkeiten entfernen
Im Außenbereich rund um das Lager sollte möglichst kein Bewuchs existieren, und im Abstand von etwa 5 m sollte sich auch kein Stellplatz für Geräte, Maschinen, etc. befinden, weil dies Schädlingen, besonders Nagetieren, Deckung bietet.

Im Vorratslager sollten neben den Vorräten keine Maschinen lagern, weil so Versteckmöglichkeiten entstehen und über Maschinen auch Schadinsekten eingeschleppt werden können. In einem Abstand von etwa 80 cm sollten an den Innenseiten der Außenwände keine Gegenstände abgestellt werden, damit ein Inspektionsgang bleibt und Schädlinge keine Versteckmöglichkeit haben.

Der Lagerraum sollte hell zu erleuchten sein, da die meisten Schädlinge Helligkeit meiden. Andererseits sollte auf Fenster möglichst verzichtet werden, da viele Tiere dämmerungsaktiv sind, in absoluter Dunkelheit also nicht gern fliegen. Außerdem wird so verhindert, dass direktes Sonnenlicht Feuchtigkeit aus beschienenen Produkten löst und es über Feuchteverlagerung an anderen Stellen zu Schäden kommen kann. Allenfalls wären also gasdichte Oberlichter nach Norden denkbar, die sich von außen lichtdicht verschließen lassen.

Eindringen von außen verhindern
Der Zutritt von Nagetieren und Vögeln lässt sich verhindern, indem alle Öffnungen nach außen dicht verschlossen werden. Stahltore und -türen sind Pflicht, da Werkstoffe aus Holz bei Feuchte- und Temperaturschwankungen im Jahresverlauf arbeiten, also Spalten bilden können. Außerdem können sie von Nagetieren zerstört werden. Natürlich müssen alle Türen, Tore und Fenster stets verschlossen bleiben.
Tiefe Schächte mit Metallrosten vor Türen und Toren reduzieren die Bereit-

schaft von Nagetieren, bis zum Tor vorzudringen, und damit auch das Risiko eines Befalls der Lagerräume. Über Metallwinkelbleche können Türschlitze auf deutlich unter 10 mm verkleinert werden, sodass keine Mäuse eindringen. Flache Blechwannen mit einer Feinsand- oder Kieselgurschicht, die den gesamten Eingangsbereich von innen abdecken, zeigen dem Inspektor bei seinem Rundgang Trittsiegel und Spuren eingedrungener kriechender Tiere an, helfen also beim Schädlingsmonitoring.

Sollen auch Insekten vom Lagerraum ferngehalten werden, so müssen die Türen und Tore mit Gummilippen abgeschlossen werden, die möglichst einen gasdichten Abschluss ermöglichen. Nur so dringen auch keine Duftstoffe nach außen. Bei Neubauten lohnt es sich, von vornherein gasdicht zu planen und die Gasdichtigkeit durch Drucktests (Blower-door-Tests) zu überprüfen. Fest installierte Fördereinrichtungen oder Belüftungsschächte müssen außerhalb der Nutzungszeiten nach außen dicht verschlossen, regelmäßig gereinigt und inspiziert werden. So werden sie nicht zum Brutplatz oder zur Eintrittspforte für Schädlinge.

Vor dem Neubau eines Vorratslagers sollte man sich gut überlegt haben, welche Vorbeugung erforderlich ist. In den meisten Fällen ist eine Kühlbelüftung sinnvoll. Daher sollte das Lagergebäude möglichst so gebaut werden, dass z. B. durch Gebäudeausrichtung und Isolierung eine Erwärmung durch Sonneneinstrahlung minimiert wird. Die Belüftungsvorrichtungen sind je nach Produkt und Lagermenge zu optimieren.

Gasdichte Bauweise

Auch Silozellen können gasdicht gebaut oder abgedichtet werden. Bei Betonsilozellen kann die Wahl des Betons (z. B. Unterwasserbeton) die Gasdichtigkeit begünstigen. Farbaufträge auf Silikonbasis können die Gasdichtigkeit herstellen. Dies gilt auch für Metallsilozellen. Wichtig ist in diesem Zusammenhang, dass auch die Schieber im Getreideauslauf, Inspektionsluken, Einfüllstutzen und Silodeckel gasdicht versiegelt werden. Steht das Silo im Freien, so ist ein Druckausgleichventil erforderlich, damit die Dichtungen bei Druckschwankungen nicht beschädigt werden. Ein weißer Außenanstrich erhöht die Reflexion des Sonnenlichts, verringert Druckschwankungen und die Gefahr der Kondensation von Wasser im Inneren. Der Übergang vom Metallsilo zum Betonsockel muss besonders gut mit zusätzlichem, elastischem Material abgedichtet werden, da hier durch die Ausdehnung des Metalls besonders viel Spiel entsteht. Australische Kollegen haben für Silozellen einen eigenen Gasdichtigkeitsstandard (AS 2628) entwickelt, der für leere Silozellen eine Druckhalbwertzeit von mindestens fünf Minuten vorschreibt. Diese Gasdichtigkeit schützt vor Schädlingsbefall und erlaubt im Notfall eine Begasung ohne zusätzliche Abdichtungsmaßnahmen. Entwickelt wurde dieser Standard, um Resistenzen gegen das Begasungsmittel Phosphorwasserstoff durch bessere Begasungstechnik brechen zu können.

Bauweise von Räumen der Lebensmittelverarbeitung

Räume der Lebensmittelverarbeitung sollten so gestaltet sein, dass sie gut zu reinigen und zu überwachen sind. Schädlingen dürfen sie keine Deckung bieten. Die Böden sollten möglichst glatt, hell und gut zu reinigen sein. Allerdings gibt es unterschiedliche Anforderungen: In Mühlen stehen beispielsweise Maschinen, die starke Vibrationen verursachen, wie Plansichter oder Walzenstühle. Daher müssen derartige Ansprüche an die Bodenbeschaffenheit beim Neubau berücksichtigt werden. Zu den Außenwänden hin sollte von innen ein Umlauf freigehalten werden, der Inspektionsgänge erlaubt. Waren und Maschinen sollten nicht nahe der Außenwände stehen, da sie hier besonders Nagetieren und Schaben Deckung verschaffen würden, die sich gern entlang der Außenwände fortbewegen.

Wände und Decken der Verarbeitungsräume sollten hell, glatt und gut beleuchtet sein. Entsprechend sind viele Räume weiß gefliest oder haben einen hellen, abwaschbaren Anstrich. Aus Sicht des Vorratsschutzes ist es sinnvoll, Kabelstränge offen unter der Decke in Körben hängend statt in verborgenen Kabelkanälen zu führen, da alle Hohlräume Verstecke für Insekten bilden können. Außerdem bleiben Kabel so für Umbauten erreichbar.

Risikoklassen

Eine in Teilbereiche getrennte Verarbeitung hat den Vorteil, dass Reinigungs- oder Bekämpfungsaktionen auf diese Teilbereiche beschränkt stattfinden können, andere Fertigungsbereiche dagegen unbeeinträchtigt bleiben. Automatische Rolltore können genutzt werden, damit die Abtrennung auch bei intensivem Personal- und Warenverkehr erreicht wird.

Im Prinzip müssen die besonders empfindlichen Produktionsprozesse unter maximaler Sicherheit durchgeführt werden. Hierfür lassen sich Verarbeitungs- und Lagerbereiche in drei Risikoklassen einteilen.

Risikoklasse 3

Bei der Produktion von Nudeln würden in Risikoklasse 3 flüssige Teige unter hohem Druck zu Spaghetti, Spirelli, Tortellini etc. geformt und anschließend in langen Öfen getrocknet. Dieser Prozess wird von der Raumluft her unter Überdruck, d. h. unter Zufuhr vorgereinigter Luft durchgeführt, damit von außen keine Bakterienkeime in den Produktionsraum und den Teig gelangen können.

Risikoklasse 2

Nach außen abgetrennt folgt Risikoklasse 2, z. B. kann sich hier ein Fertigwarenlager anschließen. Hier besteht das Risiko eines Schädlingsbefalls, weil Nudeln z. B. vom Brotkäfer oder Rüsselkäfern wie Kornkäfer oder Reiskäfer befallen werden können, die durch Duftstoffe angelockt worden sind. Daher sollte in diesem Raum ein Unterdruck bestehen und Luft sollte über das Dach abgezogen werden, damit sich kein Gradient attraktiver Lockstoffe aufbauen kann, der Tiere von der Verladerampe des Betriebs her anlockt.

Risikoklasse 1

Noch weiter außen könnten sich Räume der Rohwaren- und Packmittellagerung in Risikoklasse 1 anschließen. Handelt es sich um befallsgefährdete Rohwaren, sollten diese nur nach Eingangsinspektion und möglichst in gasdichten Gebinden oder gekühlt gelagert werden. Je nach Lagerdauer kann sich ein Umpacken in gasdichte Behälter oder Vakuumsäcke lohnen. In der Nähe der Rohwarenannahme sollten die Räume hell und auch in der Dämmerungszeit gut beleuchtet sein, da Vorrätsschädlinge die Dunkelheit bevorzugen.

Belüftung
Da Insekten sehr stark von attraktiven Duftstoffen angelockt werden, sollte man dies bei der Belüftung berücksichtigen. Generell sollte im Bereich der Rampen und Außentüren in den Räumen ein Unterdruck herrschen, damit keine Duftstoffe aus der Verarbeitung Schädlinge von außen anlocken können. Die Abluft aus diesen Räumen sollte durch Filter über das Dach abgeführt werden. Diese Räume mit Öffnungen nach außen sollten generell hell gehalten und gut beleuchtet sein, da die meisten Vorratsschädlinge dämmriges Licht und Dunkelheit bevorzugen. In der Übergangs- und Winterzeit sollte bei offenen Türen oder Toren die Beleuchtung auch während der gesamten Dämmerung angeschaltet bleiben. Bei der Anlieferung oder Abholung von für Schädlinge attraktiven Produkten sollte zwischen Lieferfahrzeug und Gebäudefront an der Rampe ein möglichst gasdichter Kontakt hergestellt werden, damit hier kein Schädling von außen den Weg in Ware oder Gebäude findet. Da auch die Lieferfahrzeuge selbst von Schädlingen befallen sein können, müssen diese inspiziert werden, bevor man Waren auslädt.

Rohwareninspektion

Eine Inspektion der Rohwaren ist besonders wichtig bei der Warenannahme, da hier die Entscheidung fällt, ob die Rohstoffqualität ausreichend gut für die vorgesehene Verarbeitung ist. Gleichzeitig ist aber auch Vorsicht geboten, dass befallene Produkte nicht den Betrieb mit Schadorganismen kontaminieren. Als „gesund und handelsfähig" gilt ein Pflanzenerzeugnis nur, wenn es „frei von lebenden Schädlingen und deren Brutstadien" ist. Einen Schädling muss man aber erst einmal finden. Dazu und zur kritischen Qualitätsprüfung dient die Rohwareninspektion.

Proben und Rückstellmuster

Probenvolumen
Prinzipiell ist das Volumen der gezogenen Probe wichtig, wenn man eine repräsentative Probe erhalten möchte. In Deutschland werden von Mühlen derzeit häufig pro Lieferfahrzeug (z. B. Hänger mit 24 t) von oben aus allen vier Ecken und mittig Proben von 500 g gezogen. Diese 2,5 kg werden vermischt, und daraus wird erneut eine Mischprobe von 500 g genommen, die dann auf Qualität und Insektenbefall kontrolliert wird. Dies bedeutet, dass ein lebender Käfer statistisch dann sichtbar wird, wenn bei gleichmäßiger Verteilung bereits 48 000 Käfer im Hänger sind. Im australischen Getreideexport wird stattdessen eine Probe von 1 kg/t genommen, pro Hänger würden also 24 kg inspiziert. Dieser höhere Aufwand wird sicher betrieben, weil ein im Ankunftshafen zurückgewiesenes Schiff ungleich höhere Kosten verursachen würde. In jedem Fall führt eine größere Probe auch früher zur Entdeckung eines Schädlingsbefalls.

Sieben
Körnerförmige Schüttgüter können gesiebt werden, um Schadinsekten abzutrennen. In Griesen und Mehlen kann man ebenfalls Insekten aufgrund ihrer Größenunterschiede aussieben. Aber dies ist nicht in allen Produkten möglich. Beispielsweise müssen Gewürze, Früchtetees, Trockenobst oder Nüsse insgesamt durchgesehen werden.

Akustische Beprobung
In harten, körnerförmigen Produkten ist auch eine akustische Beprobung möglich. Fressende oder laufende Insekten können durch geeignete Messinstrumente in kleineren Proben erfasst werden (z. B. durch einen Larvendetektor für Proben bis ca. 0,8 l). So werden auch im Korn fressende Insekten entdeckt, die von außen nicht sichtbar sind.

Befallsspuren
Typische Befallsspuren sind Kotspuren und Verunreinigungen am Produkt und an der Verpackung, Gespinste von Motten- und einer Reihe von Käferlarven, Larvenhäute und Puppenhüllen sowie lebende und tote Schädlinge. Löcher in der Verpackung können ebenfalls ein wichtiger Hinweis auf Befall sein, wobei es sich stets um Ausbohrlöcher handelt. Unter dem Mikroskop erkennt man anhand der Schabespuren, von wo aus ein Insekt das Verpackungsmaterial durchdrungen hat. Außerdem ist die Ausbohrstelle oft kraterförmig nach außen hochgezogen in die Richtung, in die sich das Insekt bewegt hat.

Junge geschlechtsreife Brot- und Tabakkäfer werden vom Licht angelockt und sind typische Penetratoren, durchbohren also verschiedene Materialien. Auch Wanderlarven vorratsschädlicher Motten und larvale sowie adulte Speck- (Dermestidae) und Bohrkäfer (Bostrichidae) können Materialien durchdringen. Auf Futtersuche oder bei der Eiablage sind vorratsschädliche Insekten stets Invasoren, benötigen also Zugang zum Substrat oder Duftspuren zur Eiablage. Selbst Brot- und Tabakkäfer, die wegen ihrer starken Mundwerkzeuge Verpackungen aufbeißen könnten, wurden beobachtet, wie sie ihre Eier nahe der Öffnungen einer Verpackung ablegten, aus denen geeigneter Substratduft entwich. Die Einwanderung in das Substrat wird also den aus dem Ei schlüpfenden Larven überlassen. Oft sind diese Tiere klein genug, um durch winzige Spalten oder Poren in Verpackungen einzudringen.

Liegt die Rohware über längere Zeit im Lager, so sollte sie auch dort regelmäßig inspiziert werden. Die Überwachung der Ware während der Lagerzeit beschreibt das nächste Kapitel ausführlicher.

Kühlung und Trocknung

Im Idealfall lässt sich schon durch Kühlung und Trocknung der Befall vorratsschädlicher Insekten vermeiden. Liegt die Temperatur ständig unter etwa 14 °C und die relative Luftfeuchte unter 30 %, sind einerseits der Stoffwechsel und die Entwicklung durch Kälte unterbrochen und andererseits fehlt das zum Überleben nötige Wasser. Je näher man während der Lagerung diesen für Insekten ungünstigen Verhältnissen kommt, desto länger dauert ihre Entwicklung und desto geringer bleiben die möglichen Schäden. Deshalb sollte man stets so kühl und trocken wie möglich lagern.

Vor der Kühlung und Trocknung sollte der Vorrat von Staub und Fehlbesatz (z. B. Unkrautsamen) gereinigt werden, da diese den Belüftungsprozess hemmen und den Luftwiderstand erhöhen.

Kühlungsmethoden
Zur Kühlung von Produkten lassen sich elektrisch gekühlte Luft oder kühle Außenluft nutzen. Wenn die Luft mindestens etwa 7 °C kühler ist als das Produkt selbst, droht auch keine Befeuchtung. Ist die Temperaturdifferenz geringer, sollte das Gebläse bei feuchter Außenluft nicht angeschaltet werden,

Einfluss der Temperatur auf die Insektenentwicklung im Vorratslager

Temperatur in °C	Insektenentwicklung
über 55 °C	Tod in weniger als 60 min
über 45 °C	Tod in Stunden bis Tagen
über 35 °C	schnelle Entwicklung, hohe Larvensterblichkeit
25–35 °C	optimale Entwicklung
15–25 °C	suboptimale Entwicklung mit langer Entwicklungsdauer
10–14 °C	Entwicklungsstopp bei den meisten Arten
0–14 °C	Junge Larven sterben innerhalb von Tagen
–15 bis 0 °C	Junge bis mittelalte Larven sterben innerhalb von Tagen
–20 °C bis –15 °C	wärmeadaptierte Insekten sterben innerhalb von Stunden bis Tagen
unter –20 °C	Kälteadaptierte Insekten sterben innerhalb von Stunden

da sich sonst die Getreidefeuchte erhöhen könnte. Körnerschüttgüter sollten an der Oberfläche glattgezogen werden, damit in Getreidetälern keine Kanäle des geringsten Strömungswiderstands entstehen und andere Teile des Lagerguts unbelüftet bleiben.

Belüftet wird von unten, meist durch Belüftungskanäle aus Lochblechen. Durch den Gebläsedruck kommt es zu einer Temperaturerhöhung der kühlen Außenluft, was auch ihre relative Feuchte absenkt. Allgemein sinkt mit jedem Grad Temperaturanstieg die relative Luftfeuchte um etwa 5 %. Daher können Vorräte auch mit kühler Außenluft getrocknet werden.

Wichtig ist es, die Kaltluftzone langsam von unten nach oben durch das Lagergut wandern zu lassen, bis alle warme Luft verdrängt und an der Oberfläche eine niedrige Temperatur entstanden ist. Wird zu früh abgeschaltet, kann es am Übergang zwischen warmen und kalten Produkten zu Kondensation kommen, was mikrobiellen Abbau, Erwärmung und Schimmelbildung fördert. Wer bei der Kühlbelüftung von Regenwetter überrascht wird, sollte möglichst mit elektrischer Kühlbelüftung fortfahren, bis die Kaltfront nach oben durch das Getreide gewandert ist.

Temperatur und Trocknung

Die meisten vorratsschädlichen Insekten kommen ursprünglich aus tropischen Klimaten. Für den Stoffwechsel der wechselwarmen Gliederfüßer sind in der Regel Temperaturen zwischen 25 °C und 35 °C ideal. Oberhalb dieser Temperaturen drohen Austrocknung und Überhitzung. Den Zusammenhang zwischen Temperatur und Insektenentwicklung erläutert die Tabelle oben. Die angegebenen Temperaturen stellen allgemeine Richtwerte dar. Die Temperaturbedürfnisse einzelner Arten können in den Schädlingssteckbriefen nachgeschlagen werden. Um Kälte für die Schädlingsbekämpfung zu nutzen, muss die Temperaturempfindlichkeit der Insektenart berücksichtigt werden.

Luftfeuchte und Produktfeuchte stehen in einer Wechselbeziehung. Dabei spielen auch die Produkteigenschaften eine wichtige Rolle. Je nach Luftfeuchte

Luftfeuchte, Getreidefeuchte und Schadorganismen am Beispiel Weizen

Rel. Luftfeuchte (%)	Getreidefeuchte (%)	Schadorganismen
unter 30	unter 9	keine
30 bis 70	9 bis 14,5	Käfer, Motten
70 bis 90	14,5 bis 18	Käfer, Motten, Staubläuse, Milben, Pilze
über 90	über 18	Käfer, Motten, Staubläuse, Milben, Pilze, Bakterien

stellt sich im Gleichgewicht immer auch eine Produktfeuchte ein. Sind die Bedingungen extrem trocken, so können bestimmte Produkte auch so fest werden, dass Insekten sie nicht mit ihren Mundwerkzeugen bearbeiten können. Dieses gilt auch für Weizen, der bei einer Luftfeuchte von unter 30 % sehr hart wird. Je höher die relative Luftfeuchte, desto höher wird auch die Gleichgewichtsfeuchte des Lagerguts und desto größer die Zahl möglicher Schadorganismen (Tabelle oben).

Reinigung und Sauberkeit

Reinigung und Sauberkeit sind für einen guten Vorratsschutz von entscheidender Bedeutung. Dies geht bereits mit der Reinigung des Ernteguts los. So müssen Fehlbesatz (Samen aus Vorkulturen und Unkrautsamen), Fremdkörper, Spelzen etc. schon vor Einlagerung abgetrennt werden. Staub, Schmachtkörner und Unkrautsamen können die Zwischenräume zwischen gesunden Getreidekörnern ausfüllen und so die Abfuhr von Wärme und Feuchtigkeit behindern. Bei Befall bilden sich lokal erhöhte Temperaturen und Feuchtegehalte durch die Atmungsaktivität der Schadorganismen. Kann die Wärme nicht aufsteigen, bildet sich schneller ein Hitzenest oder „hot spot“, in dem sich Schimmel ausbreitet. Bei Anwendung von Begasungsmitteln können Staubbänke die Gasverteilung und damit den Erfolg der Bekämpfung gefährden.

Leere Räume und Maschinen

Aber auch in leeren Räumen und in Betrieben sind Produktreste, Stäube und andere Rückstände problematisch: Sie bieten Versteckmöglichkeit, Eiablageplätze und Futter, sie binden Feuchte und sind für Insekten – in größeren Mengen sogar für Nager – ein Schutz gegen Temperaturschwankungen.

Produktionsrückstände, Verpackungsreste, Staub und Abrieb sammeln sich meist in Ecken, Ritzen und an schwer zugänglichen Stellen. Werden sie dort längere Zeit nicht bewegt und enthalten sie Spuren von Lebens- oder Futtermitteln, bilden sie schon ideale Ausgangsbedingungen für einen Befall. Werden diese Bereiche alle zwei Wochen gründlich ausgesaugt, so reicht dies aus, um den Aufbau einer neuen Schädlingsgeneration zu unterbrechen. Bei Temperaturen von unter 20 °C ist auch ein vierwöchiges Reinigungsintervall möglich. Allerdings muss den Reinigungskräften ihre Verantwortung bewusst sein, da das Übersehen von befallenen Reststoffen nach sechs bis acht Wochen zum Schlupf zahlreicher Vorratsschädlinge führen kann.

Aus Sicht der Wartung und Reinigung sollten Verarbeitungsmaschinen mit

Lager und Verarbeitungsraum mit seitlich gerundeten Scheuerleisten zur erleichterten Reinigung. Der Umlauf ist durch eine gelbe Linie gekennzeichnet. Kartons sollten dort (im Hintergrund) nicht stehen, damit Nager und Schaben keine Deckung finden.

möglichst wenig Aufwand zu öffnen sein und keine Räume bieten, in denen sich Verarbeitungsrückstände ansammeln können. Lässt sich die Rückstandsbildung konstruktiv nicht verhindern, so sollten Druckluftströme oder andere Mechanismen genutzt werden, um die Rückstände dem Produktionsprozess in regelmäßigen Abständen wieder zuzuführen.

Die Reinigung sollte beim Umgang mit trockenen Produkten in erster Linie auf der Nutzung eines Staubsaugers beruhen, dessen Inhalt regelmäßig entsorgt und der weit entfernt von den Produktionsräumen gelagert wird. Feuchtes Wischen sollte nur in Notfällen zulässig sein, weil die Feuchtigkeit in Ritzen und Winkel eindringen kann, wo sie Schädlingen ein tagelanges Überleben ermöglicht. Müssen klebrige Reste aufgewischt oder abgewaschen werden, sind eine gründliche Trocknung und ihre Prüfung erforderlich. Lappen sind nur anzufeuchten, stehendes Wasser ist zu vermeiden.

Wie schon erwähnt, kommen glatte und helle, gut zu reinigende Oberflächen der Sauberkeit entgegen. Günstig sind auch gerundete Ecken und Scheuerleisten, wobei hinter den Scheuerleisten keine Hohlräume entstehen dürfen. Besser ist das Ausgießen mit Kunstharz oder ähnlichem Material.

Verpackungsschutz

Die Verpackung eines Lebens- oder Futtermittels, Roh- oder Fertigprodukts schützt den Inhalt gegen schädliche Einflüsse von außen und kann so ähnliche Aufgaben erfüllen wie das Vorratslager selbst. Ein hermetischer Abschluss

Bei dem oberen Flossenbeutel wurde Mandelstaub in der Siegelnaht gefangen. Durch den so entstandenen Kanal ist eine Eilarve der Dörrobstmotte eingedrungen, die sich im Beutel bis zum Falter entwickelt hat. Der blaue Endkundenbeutel ist quer gesiegelt, was die Gefahr einer Kanalbildung verringert. Neue Folien sind antistatisch und dadurch sicherer gegen Anhaftungen.

kann gewährleisten, dass ein Befall verhindert wird. So hat die Versiegelung von Tafelschokolade in Kunststofffolie am deutschen Markt die früher übliche Verpackung in Aluminiumfolie und Hüllpapier weitgehend ersetzt und beugt Kundenreklamationen vor.

Öffnungen in der Verpackung

Andererseits sind die meisten Pappkartons punktverklebt und damit offen für die Eilarve schädlicher Insekten, genauso wie Jutesäcke, vernähte Papiersäcke oder gewobene Polyamid-Säcke. Aber auch viele Flossenbeutel sind weniger dicht als sie aussehen. Im Herstellerbetrieb wird aus einer durchgehenden Kunststofffolie durch das Einfügen einer Vertikalschweißnaht mit gezielter Wärmezufuhr ein durchgängiger Folienschlauch erzeugt. Kommt es an irgendeiner Stelle zur Bildung einer Falte, werden hier drei statt nur zwei Folien verschweißt. In diesem Fall kann die zugeführte Wärme zu gering sein, und es bleibt möglicherweise eine kleine Öffnung zurück. Später werden auch Horizontalnähte eingeführt und einzelne Beutel voneinander getrennt. Diese werden schließlich gefüllt und verschlossen. Bei all diesen Prozessen können kleine Fehler passieren, die Kanäle bis in den Beutel hinein entstehen lassen. Beim Befüllen können Produktstäube oder Reste nachrieseln, während der Beutel schon versiegelt wird. So können Öffnungen und Eingangskanäle entstehen.

Auch beim Transport der fertigen Verpackungen können durch Datumsstempel oder Nadelwalzen Löcher in die Folie gedrückt werden. Schadinsekten, die anhand des Geruchs Lebensmittel aufspüren, finden solche Öffnungen

Übt man auf Beutel im Wasserbad etwas Druck aus, so zeigen aufsteigende Luftblasen undichte Stellen an, die für die Einwanderung der Larven von Motten oder Käfern ausreichen können. Eine Porengröße von etwa 0,15 mm reicht bereits aus.

Eine Vakuumverpackung verhindert sicher die Anlockung und das Eindringen von Schädlingen. Nach wenigen Wochen ist der Restsauerstoff in der Packung veratmet, und gegebenenfalls eingepackte Schädlinge ersticken. Undichtigkeiten würden durch einen Verlust der Folienspannung sichtbar werden.

mit schlafwandlerischer Sicherheit. Werden Beutel an der Oberseite nur mit einem Metallclip verschlossen, stellt dies für die so verpackten Lebensmittel ein großes Risiko dar.

Bohrende Vorratsschädlinge

Einige Vorratsschädlinge sind in der Lage, Verpackungen zu durchbohren. Bestimmte, mit befallenen Produkten eingepackte Schädlinge, wie Nagekäfer, Bohrkäfer, Speckkäfer und Larven der Motten können sich durch Materialien wieder herausbohren und sich nachträglich im Lager oder in der nächsten Stufe der Lieferkette weiter verbreiten. Voraussetzung hierfür ist, dass die Tiere im Substrat ausreichenden Halt finden, um mit den Mundwerkzeugen Pappe oder Kunststofffolie aufnagen zu können.

Besteht ein Befallsrisiko für solche Schädlinge, sollte das Verpackungsmaterial kritisch geprüft werden. In Versuchen wurden Folien aus verschiedenen Kunststoffen wie Polyethylen, Polypropylen oder Cellulosehydrat sowie verschiedene Stärken getestet. Dabei hing es von der Schädlingsart ab, welche Materialien und Stärken durchbohrt werden konnten. Zum Beispiel konnten Brotkäfer acht verschiedene Verpackungsfolien durchbohren. Widerstandsfähig blieben Polyester (0,05 Millimeter = 50 µm stark) und Polypropylen (30 µm stark). Reismehlkäfer konnten nur Polyethylen, Cellulosehydrat oder Celluloseacetat durchbohren.

Verpackungsschutz
Luftdichtigkeit: Geruchsanlockung vermeiden
Öffnungen und Nähte: Poren ab 0,1 mm Weite vermeiden (Eindringen von Eilarven)
Folien: Bei Befallsrisiken mit Nagekäfern, Bohrkäfern, Speckkäfern oder Wanderlarven der Motten auf Widerstandsfähigkeit gegen Durchbohren achten.

Vorratslagerung in der Wohnung

Wer Vorräte in der Wohnung lagern möchte, sollte sich überlegen, über welche Zeiträume diese Vorräte aufbewahrt werden sollen. Wird eine Lagerdauer von über vier Wochen angestrebt, sollte man sich nicht auf die Schädlingsdichtigkeit der Originalverpackung verlassen. Produzenten von Discounterwaren stellen in der Regel die Einsparung von Kosten und Materialien vor die Schädlingsdichtigkeit. Im Einzelhandel, auf dem Transport und in der Wohnung des Endkunden droht aber ebenfalls die Anwesenheit von Vorratsschädlingen. Diese können über Lücken in der Verpackung eindringen. Bei Begutachtungen zeigte sich, dass ein Befall in aller Regel nicht beim Lebensmittelhersteller entsteht, sondern auf dem Vertriebsweg oder im Vorratslager des Endkunden.

Lagerung in der Küche
Während es auf dem Land oder in alten Häusern noch kühle Speisekammern und Keller zur Aufbewahrung von Lebens- und Futtermitteln gibt, wird in der Stadt der Raum immer enger. Viele Bewohner haben sich daran gewöhnt, ihre Vorräte in der Küche zu lagern. Dies verkürzt Wege beim Kochen. Andererseits werden durch das Kochen regelmäßig Temperatur und Luftfeuchte in der Küche erhöht, was die Vorräte erwärmt und befeuchtet. Dies erhöht deren Attraktivität für Schädlinge, die über den Hausflur aus der Nachbarwohnung oder über das offene Küchenfenster angelockt werden können. Nicht selten wird auch schon über den Einzelhandel mit Lebens- und Futtermitteln der Schädlingsbefall verbreitet.

Gewürze und Kräuter, Mehl und Saucenpulver, Semmelbrösel, Frühstückscerealien und Früchtetees sollten jeweils möglichst weit entfernt vom Kochherd oder Heißwassererzeuger untergebracht und in gasdicht oder zumindest schädlingsdicht schließenden Gebinden verpackt sein.

Trockene Produkte, wie Nudeln, Mehl, Gries und Schrot, können in eine gasdicht schließende Glas- oder Kunststoffbox, ein großes Einweckglas oder einen gasdicht schließenden Schrank eingeschlossen werden. Blechdosen, etwa Keksdosen, sind aus gutem Grund nicht ausreichend dicht. Werden frisch gebackene Kekse gasdicht verschlossen, können sie die Feuchte nicht abgeben und fangen daher schnell an zu schimmeln. Andererseits erlauben die Öffnungen zwischen Deckel und Dose den Larven schädlicher Motten und Käfern die Einwanderung, wie in zahlreichen Versuchen nachgewiesen werden konnte.

Nüsse können im Kühlschrank vor Insekten geschützt gelagert werden. Erntefrische Nüsse oder Trockenobst können auch bei Zimmertemperatur in Gefäßen gelagert werden, die oben mit einem Baumwolltuch und Gummibändern verschlossen wurden. So wird Schimmel vermieden, und eine Nachtrocknung ist möglich. Zwei Gummibänder können das Baumwolltuch festhalten und das Eindringen vorratsschädlicher Insekten verhindern. Das zweite Gummiband gibt Sicherheit, falls das erste im Lauf der Zeit reißen sollte. Dies hat sich auch in der Wissenschaft

Der Gewürz- und Vorratsschrank nahe dem Kochherd ist bequem, aber aus Sicht des Vorratsschutzes riskant, weil dort lagernde Produkte regelmäßig erwärmt und befeuchtet werden.

bei Zuchtgläsern für vorratsschädliche Insekten bewährt. Man muss also keine Sorge haben, dass sich Tiere durch die Baumwolltücher fressen oder einen Weg nach draußen finden, solang das Tuch straff gespannt bleibt und mit dem Glasrand über Gummibänder fest fixiert ist.

Gelagert werden sollte generell an einem eher kühlen und trockenen Ort ohne direktes Sonnenlicht. Da Trockenobst relativ viel Feuchtigkeit enthält, sollte es regelmäßig auf Milbenbefall kontrolliert werden. Diese kleinen Spinnentiere sind nur etwa 40–70 µm groß und erscheinen uns Menschen wie wandernde Staubkörner.

Schädlingsfrüherkennung

Je früher Schädlinge im Vorratslager entdeckt werden, desto größer ist die Wahrscheinlichkeit, dass keine wirtschaftlichen Schäden entstehen, und desto größer ist die Palette möglicher Gegenmaßnahmen. Daher lohnt es sich, je nach lagernden Gütern und potenziellem Schädlingsspektrum ein möglichst großes Spektrum an Früherkennungsmethoden anzuwenden.

Regelmäßige Inspektion

Ein extrem wichtiger erster Schritt zur Früherkennung ist die regelmäßige Inspektion aller Lager- und Verarbeitungsräume. Die erforderlichen Zeitabstände für eine Begehung können schwanken. Ein etwa wöchentlicher Rhythmus ermöglicht aber eine frühzeitige Reaktion auf Missstände und kann die Entwicklung einer neuen Schädlingsgeneration unterbrechen, bevor geschlechtsreife Tiere entstehen und sich massenhaft ausbreiten.

Befunde sollten in einem Logbuch (ggf. auch digital) festgehalten und fotografisch dokumentiert werden. Gegenmaßnahmen werden mit den verantwortlichen Personen besprochen. Dadurch ist es später möglich, alle Ereignisse nachzuvollziehen und daraus für die Zukunft Schlussfolgerungen abzuleiten.

Visuelle Inspektion

Für Inspektionsgänge zur Erfassung von Schädlingsbefall sollte man sich mit einer hellen Taschenlampe ausrüsten. Eine Federstahlpinzette dient zum Ergreifen von Insekten oder ihren Teilen, kleine Kunststoffgefäße eignen sich zum sicheren Verstauen der Fundstücke und ein Stift ermöglicht die Beschriftung der Funde und die Dokumentation von Ort und Zeit. Auch eine Lupe kann hilfreich sein. Natürlich können für die Dokumentation auch ein Smartphone oder Tablet genutzt werden, damit die Notizen und ggf. Fotos gleich gespeichert werden können.

Will man Schädlinge im Vorratslager oder Betrieb möglichst früh entdecken, empfehlen sich regelmäßige Inspektionsgänge. Im Laufe der Zeit entwickelt man ein Auge für Bereiche, in denen sich Insekten wohlfühlen könnten. Meist sind dies unzugängliche Bereiche mit Versteckmöglichkeiten, in denen sich Produktionsreste ansammeln. Oft sind diese Bereiche eher schlecht beleuchtet und feucht.

Temperaturmessung

In Schüttgütern ist die Temperaturmessung eine Möglichkeit, Wärmenester und damit eine Schädlingsentwicklung in der Tiefe des Lagerguts zu entdecken. Dazu werden in einem Raster Temperaturfühler ins Lagergut eingebracht (siehe Abbildung rechts unten). Um die Thermometer ablesen zu können, werden sie oft an Schnüren in perforierte Kunststoffrohre gehängt. In Silozellen werden auch Temperaturkabel aus geflochtenem Stahldraht verwendet, bei denen Thermofühler in unterschiedlichen Höhen regelmäßig Daten

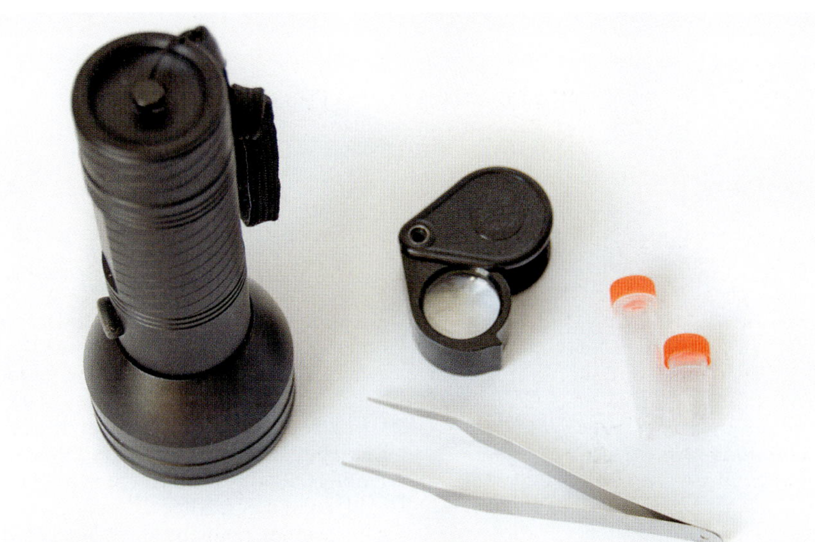

Ausrüstung für den Inspektionsrundgang: Taschenlampe, Lupe, Pinzette, Probengläschen mit Deckel.

Blick auf die Getreideoberfläche in einem Lager mit Getreide der Bundesreserve. Rechts im Bild hängt an der Dachkonstruktion ein Feuchtemesser und mittig rechts ein Thermometer zur Messung der Lufttemperatur. Zahlreiche Kunststoffrohre mit Thermometerkabeln zur Messung der Temperatur in verschiedenen Tiefen ragen aus der Getreideoberfläche hervor. Die Inspektionsgänge sind mit Stegen ausgelegt, und das Getreide wird wöchentlich geharkt.

Unbeköderte Klebefalle

Fliegenklebestreifen mit gefangenen Motten über einer Getreidefläche

erheben und an eine zentrale Überwachungsstelle weiterleiten. Die Temperaturkabel müssen stabil aufgehängt sein, da beim Getreideauslauf extrem hohe Kräfte auf sie einwirken.

Fallen

Es gibt unbeköderte Fallen, die es ermöglichen, kriechende oder fliegende Insekten zu fangen – unabhängig davon, ob es sich um typische Vorratsschädlinge handelt oder nicht. Beköderte Fallen arbeiten z. B. mit Futterlockstoffen, Pheromonen oder – im Fall der Nagekäfer (Anobiidae) – auch mit Licht.

Unbeköderte Fallen

Einfache unbeköderte Fallen für Insekten sind z. B. Klebefallen oder Fliegenklebestreifen, die im Lagerraum platziert werden. Hier sammeln sich nicht nur Vorratsschädlinge, sondern auch zufällige Gäste, wie Stubenfliegen, Florfliegen, Wespen etc., falls das Lager nicht ausreichend abgedichtet wurde.

Die Becherfalle im Getreide fängt an der Oberfläche laufende Käfer.

In einem gut geführten Vorratslager sollten keine Insekten fliegen.
Für im Getreide laufende Käfer haben sich aufgeschüttete Getreidehaufen bewährt, in deren Zentrum ein Kunststoffbecher so weit versenkt wird, das etwas Getreide in den Becher läuft.

Käfer, die auf dem Haufen nach oben klettern, fallen in den Becher und können aufgrund der glatten Innenwand meist nicht mehr entfliehen. Bei Inspektionsgängen werden diese Fallen regelmäßig kontrolliert und das Fangergebnis wird protokolliert. Eine Alternative sind kommerziell erhältliche Stech- und Siebdeckelfallen. Hier laufen Vorratsschädlinge durch kleine Löcher in die Falle. Diese Fallen können auch tiefer ins Getreide gesteckt werden. Es gibt unterschiedliche Formen. Auch stabförmige Fallen sind effektiv.

Der Becher wird so weit versenkt, dass etwas Getreide hineinrinnt.

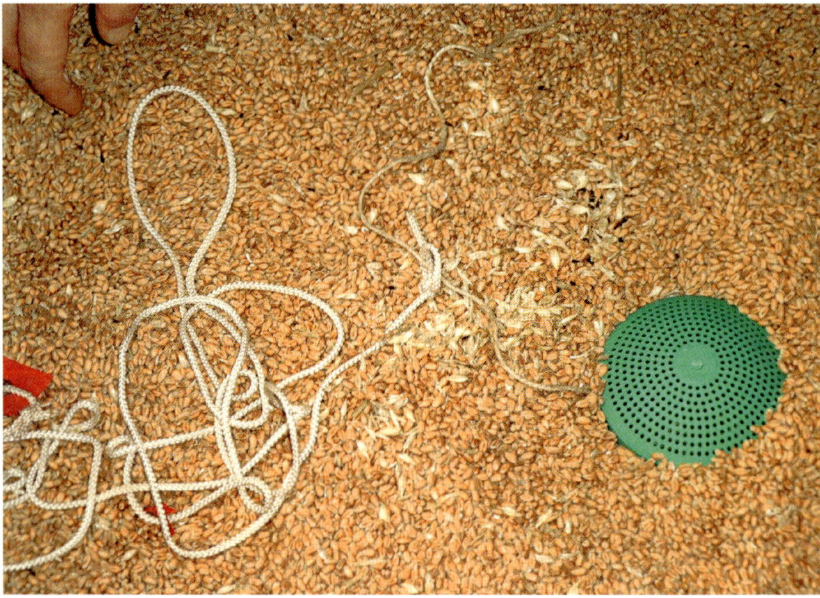

Siebdeckelfalle im Getreide

Lauffalle „Dometrap“

Beköderte Fallen

Zu den beköderten Fallen gehört die Dometrap, die ihren Namen nach den amerikanischen Footballstadien erhalten hat. Unter dem gewölbten Deckel befindet sich ein Fuß in Form eines runden Eierbechers. In die Aushöhlung wird etwas Weizenkeimöl gegeben, und in den Deckel wird ein Dispenser mit einer kleinen Menge des Aggregationspheromons des Reismehlkäfers gesteckt, um die Insekten anzulocken. Durch den Futterlockstoff Weizenkeimöl werden nicht nur erwachsene Reismehlkäfer angelockt, sondern auch ihre Larven und verschiedene andere Arten, wie Kornkäfer, Getreideplattkäfer etc. Natürlich muss diese Falle am Boden stehen. Schraubt man sie vertikal an die Wand, wie es gelegentlich gemacht wird, freut man sich immer noch über „Schädlingsfreiheit“, während das Lager schon von Insekten wimmelt.

Der Lagermonitor ist eine Köderfalle, die verschiedenste Vorratsschädlinge, wie Käfer und Motten, anlockt. Der Lockstoff besteht aus einer Mischung von Getreideprodukten und Nüssen. Eingesetzt wird er in Leerräumen und in Produktionsräumen. Der Fraßköder ist in der Box durch eine Drahtgaze vor Mäusen geschützt. Nach spätestens vier

Lagermonitor, Fraßköderstation zur Anlockung verschiedener Vorratsschädlinge

Wochen muss der Köder in einen Zip-Beutel überführt und ausgewertet werden, da die Insekten im Köder nicht abgetötet werden und es bei längerer Standzeit in der Falle sonst zu einer Schädlingsvermehrung kommen kann.

Pheromonfallen

Pheromone sind Duftstoffe, über die Lebewesen einer Art miteinander kommunizieren. Sie können auch als biologische oder biotechnische Wirkstoffe zum Vorratsschutz eingesetzt werden.

Meist werden Sexualduftstoffe weiblicher Tiere verwendet, die den Männchen zur Partnerfindung dienen. Im Vorratsschutz werden sie für Zünslermotten als Lockstoffe in Fallen für die männlichen Insekten eingesetzt. Diese Fallen arbeiten mit nur einem bei allen Zünslern verbreiteten Pheromongrundstoff. Sie fangen daher nur einen gewissen Teil der Männchen ab, und da die Weibchen mit zusätzlichen Duftstoffen und auch optisch locken, kann die Fortpflanzung der Insekten nicht vermieden werden. Ein einziges begattetes Mottenweibchen legt innerhalb von zehn Tagen bis zu 300 Eier ab. Die Fallen dienen daher zur Schädlingsfrüherkennung. Sexualpheromone der weiblichen Motten oder Nagekäfer locken die Männchen auf der Suche nach dem Weibchen direkt bis zur Falle. Pheromontrichterfallen sind auch für Bereiche mit Staubentwicklung geeignet. Klebefallen würden dort ihre Klebewirkung bald verlieren. Pheromonklebefallen, bei denen das Pheromon in die Klebefläche eingearbeitet ist oder durch einen Dispenser aus Kunststoff oder Glas an die Umgebung abgegeben wird, gibt es in vielen Formen und Ausführungen.

Viele Käfer verfügen über ein Aggregationspheromon, das von Tieren in geeignetem Substrat abgegeben wird und nahrungssuchende Käfer anlockt. Aus dem Futtersubstrat herauslocken lassen sich Tiere mit diesem Pheromon nicht.

Kommerziell verfügbare Pheromone für den Vorratsschutz

- Gemeinsames Sexualpheromon für alle Zünsler-Arten: Dörrobstmotte, Speichermotte, Mehlmotte und Tropische Speichermotte
- Sexualpheromon der Getreidemotte
- Aggregations(Sammlungs-)pheromon des Reismehlkäfers

Substratgerüche aus lagernden Vorräten können sehr attraktiv sein und könnten evtl. auch für Fallen zum Mas-

Die Pheromontrichterfalle ist mit Wasser und Köder im Auffangbehälter noch wirksamer.

senfang genutzt werden. Derzeit sind aber keine hoch attraktiven Köder kommerziell verfügbar. Deren Einsatz zur Schädlingsbekämpfung wäre auch zulassungspflichtig.

Monitoring für Nager

Im Eingangsbereich zu Getreidelagern können flache Bleche mit Rand ausgelegt werden, die man mit Kieselgurstaub (Staub aus Kieselalgen, der beim Einatmen weniger gefährlich für die Lunge als Sand ist) füllt, dessen Oberfläche man glattzieht. So können eindringende Nagetiere oder Vögel anhand ihrer Trittsiegel (Fußspuren) nachgewiesen werden.

Mit unbegifteten Fraßködern lässt sich ebenfalls die Gegenwart von Mäusen und Ratten belegen. Dazu werden röhrenförmige Köderboxen in Räumen nahe der Wand aufgestellt.

Pheromonklebefalle zur Mottenüberwachung

Fraßköderstation für Nagetiere

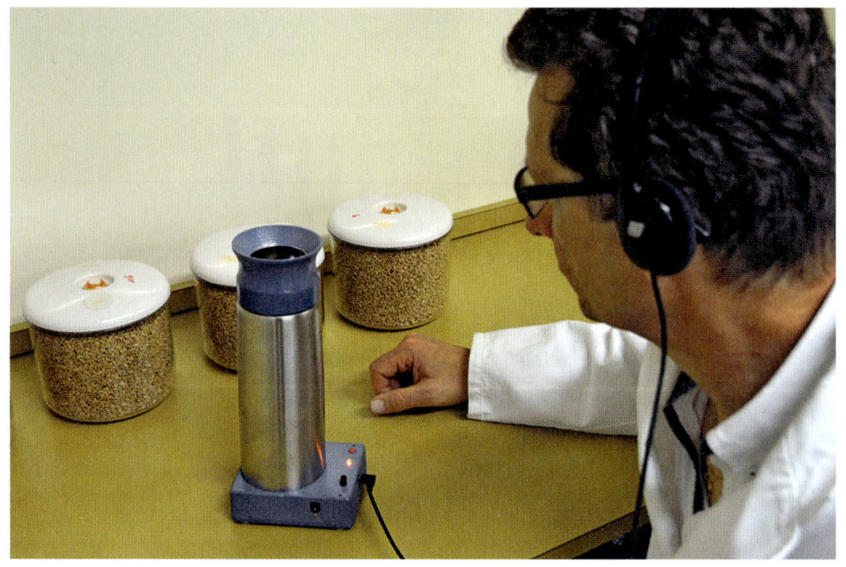

Larvendetektor für Körnerproben mit akustischer und optischer Anzeige

Sonstige Früherkennung

Akustische Überwachung
Für kleinere Getreideproben ist ein „Larvenspion“ im Handel erhältlich. Dieses Gerät macht Fraß- und Laufgeräusche von Insekten in etwa 500 g Getreide über Kopfhörer hörbar und gibt ein Lichtsignal entsprechend der Befallsstärke ab.

In verschiedenen getreidelagernden Betrieben wird die akustische Früherkennung von vorratsschädlichen Insekten derzeit in der Praxis getestet. Dazu werden perforierte Metallröhren vertikal in Silos und Flachlager eingebracht. Versuche zeigten, dass im Frühjahr schlüpfende Käfer schon etwa acht Wochen früher akustisch wahrgenommen werden können als durch Fallen an der Getreideoberfläche und etwa zehn Wochen früher als durch Temperaturmessungen.

Lichtfallen
Licht ist für die meisten vorratsschädlichen Insekten nur bei sehr niedriger Lichtstärke erträglich. Starkes Licht wirkt abschreckend. Viele Motten fliegen nur im Dämmerlicht. Brot- und Tabakkäfer fliegen als junge, geschlechtsreife Käfer zum Licht. Findet man sie im Frühjahr am Küchenfenster, sollten Gewürze, Nudeln und trockene Backwaren untersucht werden. Entsprechend sind Lichtfallen nur für wenige Arten von Vorratsschädlingen einsetzbar. Unter den Hygieneschädlingen können auch Fliegen angelockt werden, wobei Blaulicht besser sein könnte als weißes Licht.

Schädlingsbekämpfung

Werden Vorratsschädlinge im Lager gefunden, müssen sie schnellstmöglich entfernt werden, denn es droht die Eiablage begatteter Weibchen und damit eine starke Ausbreitung des Befalls. Im Idealfall kann es reichen, den ersten und einzigen Sack mit befallener Ware zu behandeln und damit das Problem schon früh in den Griff zu bekommen. Trotzdem müssen alle in der Umgebung gelagerten Produkte auf Schädlingsbefall kontrolliert werden.

Entsprechend den Grundsätzen des Integrierten Pflanzenschutzes sowie im Ökologischen Landbau sind geeignete physikalische und biologische Verfahren dem Einsatz chemischer Bekämpfungsmittel vorzuziehen. Die Maßnahmen sollten dokumentiert und ihr Erfolg durch eine fortgesetzte Schädlingsüberwachung überprüft werden.

In den Schädlingsporträts in diesem Buch wird durch die im Folgenden aufgeführten Symbole auf die hier beschriebenen Bekämpfungsmaßnahmen verwiesen. So können Sie die für einen Schädling infrage kommenden Maßnahmen besonders einfach nachschlagen.

Physikalische Verfahren

Warmluftbehandlung in Leerräumen

Insekten und Milben sind ektotherme Gliedertiere und damit abhängig von der Temperatur ihrer Umgebung. Bei extremen Temperaturen haben diese Tiere daher begrenzte Reaktionsmöglichkeiten, z. B. das Verstecken in isolierenden Materialien oder das Ausweichen in Bereiche mit gemäßigten Temperaturen. Steigen die Temperaturen über die von diesen Insekten als angenehm empfundenen Werte, so reagieren sie zunächst mit stark erhöhter Aktivität, ggf. auch Flug, um das überhitzte Gebiet zu verlassen. Gelingt dies nicht rechtzeitig, werden die Bewegungen bald unkoordiniert, das Tier stürzt aus dem Flug ab oder fällt auf die Seite oder den Rücken, bewegt die Gliedmaßen und verfällt in eine Hitzestarre. Diese führt durch Denaturierung der Eiweiße oder Austrocknung bald zum Tod, falls die Temperaturen nicht rechtzeitig sinken.

Widerstandsfähigkeit gegen hohe Temperaturen

Die Widerstandsfähigkeit gegen hohe Temperaturen hängt vom Entwicklungsstadium, aber auch von der Insektenart selbst ab. Die in Laborversuchen in 10 ml Substrat gemessenen Wirksam-

Übersicht der Bekämpfungsmaßnahmen nach Anwendungsbereich im Pflanzenschutz. Vor einer Anwendung ist die aktuelle Zulassung der Pflanzenschutzmittel für den jeweiligen Anwendungsbereich zu prüfen.

Anwendungsbereich	Bekämpfungsmaßnahmen
leere Räume	Kieselgur Pyrethrum Warmluftbehandlung Phosphorwasserstoff Sulfurylfluorid
Räume mit Vorratsgütern (Behandlung von Nischen und Spalten)	Nützlinge Kieselgur Pheromone Pyrethrum
Produktbehandlung, vorbeugend oder zur Befallsminderung	Nützlinge Kältebehandlung Kohlendioxid in Druckkammern Kieselgur Prallung Siebung
Produktbehandlung bei akutem Befall	Kältebehandlung Kieselgur Kohlendioxid Phosphorwasserstoff Prallung Sulfurylfluorid Pyrethroide
Nagerbekämpfung bei akutem Befall	mechanische Fallen Antikoagulantien Chloralose Cyanwasserstoff Kohlenstoffdioxid Zinkphosphid

keiten definierter Temperaturen gegen alle Entwicklungsstadien vorratsschädlicher Insekten werden in der Tabelle auf der nächsten Seite dargestellt.

Auch in Praxisversuchen mit Insektenproben zeigte sich, dass Temperaturen, die mehrere Stunden deutlich über 50 °C lagen, zur Abtötung aller eingesetzten Versuchstiere führten.

Vorbereitung der Wärmeentwesung

Die Wärmeentwesung wird in leeren Räumen der Mühlenindustrie und in Bäckereien genutzt, um einen Schädlingsbefall mit Vorratsschädlingen giftfrei zu tilgen. Häufig werden hierfür explosionsgeschützte elektrische Wärmeaggregate mit Lüfter genutzt, die die Umgebungsluft auf etwa 60 °C erhitzen und sowohl vertikal als auch horizontal

Einwirkzeiten (min), die zur vollständigen Abtötung aller Entwicklungsstadien für bestimmte Arten vorratsschädlicher Insekten erforderlich sind (nach Adler 2006)*

Insektenart	45 °C	50 °C	55 °C
Mehlmotte	660 (11 h)	27	7,2
Kornkäfer	540 (9 h)	40	30
Maiskäfer	660 (11 h)	45	30
Kleiner Leistenkopfplattkäfer	1200 (20 h)	65	20
Rotbrauner Reismehlkäfer	1800 (30 h)	35	20
Tabakkäfer	2400 (40 h)	370	45
Getreidekapuziner	6000 (100 h)	370	45

*Tests in 10 ml Zuchtsubstrat (Weizenkleie bzw. Weizenkörner) in gläsernen Reagenzröhrchen, die zuvor in einem Wasserbad auf Zieltemperatur erwärmt wurden, bevor Insekten mit Substrat per Trichter eingefüllt wurden. Simuliert werden sollten Bedingungen in einer besenreinen Mühle mit Substratresten in Ritzen und Fugen (100 % Mortalität grafisch bestimmt mit Log-trend-Kurve).

im Raum verteilen (siehe Abbildung auf der nächsten Seite). Der Explosionsschutz bedeutet, dass die betreffende Maschine keine Zündquellen birgt, die z. B. zu einer Mehlstaubexplosion führen könnten.

Vorteilhaft ist, dass die Wärmebehandlung bei guter Vorbereitung auch in großen Räumen innerhalb eines Wochenendes eine erfolgreiche Schädlingsbekämpfung ermöglicht.

Verschiedene Bautypen von Gebäuden eignen sich unterschiedlich gut für eine Wärmebehandlung: Moderne Gebäude mit Metalltrapezblechen zur Wandverkleidung und guter Isolierung sind meist mit geringem Energieaufwand über Wärme zu entwesen, alte Mühlen mit Natursteinfundament und Holz benötigen etwas mehr Energie, und Konstruktionen aus Stahlbeton erfordern aufgrund der großen Masse die meiste Energie.

Aus dem zu behandelnden Raum müssen zur Wärmebehandlung Substrate, Bauhölzer und andere isolierende Materialien entfernt werden, damit sich hier keine Insekten vor der Wärme verbergen können. Auch befallene Getreide- oder Mehlsäcke sollten entfernt werden, weil zwischen ihnen Insekten der Wärmebehandlung entgehen könnten. So wurde zwischen Stapeln von 20-kg-Mehlsäcken eine Temperatur von 31 °C gemessen, während im Raum gut 56 °C herrschten.

Auch Flüssigkeiten müssen vor der Behandlung aus der Mühle entfernt werden. Unter einem Putzeimer mit Wasser wurden während einer Wärmeentwesung wegen der Verdunstungskühlung deutlich niedrigere Temperaturen gemessen als in der Umgebungsluft. Mauerdurchbrüche nach außen müssen abgedichtet sein, alte Einzelfenster und Kältebrücken sollten nach außen intensiv mit Heißluft angestrahlt oder vorab isoliert werden, damit hier kein Rückzugsraum für Insekten entsteht.

Bei regelmäßiger Wärmebehandlung empfiehlt es sich, während der Behandlung das Gebäude mit einer Infrarotkamera von außen und innen zu fotografieren. Von außen werden so Lecks sichtbar, durch die viel Wärme verlorengeht, von innen Kältebrücken, die man möglicherweise nicht erahnt hat.

Wärmeentwesung mit elektrischer Wärmequelle und Gebläse zur Schädlingsbekämpfung in einer besenreinen Mühle

So wurden in einer recht neuen Mühle Bereiche sichtbar, in denen ursprünglich Fenster geplant und deshalb Isolierungen weggelassen worden waren.

Energiereiche Strahlung

Wärme kann auch gezielt durch energiereiche Strahlung erzeugt werden, z. B. durch Laserstrahlen, Radiowellen, Infrarotstrahlung oder Mikrowellenstrahlung. Zur Anwendung hat es vereinzelt Studien und Projekte gegeben. So wird Infrarotstrahlung zum Holzschutz gegen Materialschädlinge eingesetzt. Eine praktische Anwendung für Schüttgüter wird in rotierenden Trommeln angeboten. Zur Keimzahlreduzierung und Schädlingsbekämpfung in Tees, Gewürzen und pflanzlichen Drogen werden zum Teil Kammern mit Heißdampf und Trockendampf bei Temperaturen zwischen 90 °C und 110 °C genutzt. Versuche zeigten, dass derartige Behandlungen von Vorratsschädlingen nicht überlebt werden.

Anwendung Warmluftbehandlung

- in Leerräumen gegen alle Arten von Vorratsschädlingen
- widerstandsfähige (wärmeliebende) Arten: Getreidekapuziner, Tabak- und Brotkäfer
- empfindliche Arten: Motten, Staubläuse und Milben

Kälte zum Schutz lagernder Waren

Bei Kälte zieht sich der Schädling im Fall einer Wahlmöglichkeit in wärmere Bereiche zurück. Ist ein Insekt der Kälte ausgesetzt, werden die Bewegungen und der gesamte Stoffwechsel entspre-

Wirkung niedriger Temperaturen auf Dörrobstmotten und Brotkäfer (nach Adler & Reichmuth 2013)

Tierart und Stadium	Einwirkzeit (min) / Mortalität (%)		
	−10 °C	−14 °C	−18 °C
Dörrobstmotte Eier	ca. 503/100*	ca. 283/100*	70/100
Dörrobstmotte Larven	373/100	145/100	36/100
Dörrobstmotte Puppen	315/100	97/100	34/100
Dörrobstmotte Falter	257/100	37/100	24/100
Brotkäfer Eier	480/82	240/90	120/99
Brotkäfer Larven	480/65	240/100	60/100
Brotkäfer Puppen	480/90	240/100	60/100
Brotkäfer Adulte	480/6	240/100	60/100

*) Ungefähre Angabe, wenn Zeiten extrapoliert wurden, übrige Berechnung durch Interpolierung. Maximal untersuchte Einwirkzeiten bei −10 °C 480 min, bei −14 °C 240 min. Tiere aus normalen Zuchten, keine winteradaptierten Individuen.

chend verlangsamt. Sofern es nicht zu einer Eisbildung im Insekt kommt, können adulte Tiere und Puppen solche Bedingungen oft über lange Zeit überleben. Je nach Art besitzen viele Insekten Überwinterungsstadien. Dies können ggf. auch weit entwickelte Larven sein, die sich bei Kurztagbeleuchtung und Temperaturen von weniger als etwa 15 °C zu Dauerlarven entwickeln können (z. B. Dörrobstmotte).

Junge, gerade aus den Eiern geschlüpfte Larven sind oft besonders empfindlich und können sich bei Kälte weder gut fortbewegen noch Nahrung aufnehmen oder sich entwickeln. Daher sterben viele junge Larven bei Kälte ab. Ältere Larven und geschlechtsreife Insekten nehmen bei Temperaturen von weniger als etwa 14 °C fast überhaupt keine Nahrung auf. Daher ist eine Lagerung unter kühlen Temperaturen sinnvoll. Versuche mit Temperaturen deutlich unter 0 °C haben aber gezeigt, dass eine Abtötung von Dörrobstmotten und Brotkäfern nur durch extreme Kälte möglich ist (Tabelle oben).

Tiefgefrieren von hochwertigen Produkten, etwa Trockenobst und Nüssen, für 24 h bei −20 °C führt zur Abtötung von allen Stadien der Dörrobstmotte und des Brotkäfers. Dieses Verfahren wird von Trockenobstherstellern des Ökolandbaus genutzt.

Anwendung Kältebehandlung
- gegen alle Arten von Schädlingen wirksam
- ggf. auch vorbeugend oder ergänzend zu anderen Maßnahmen
- −18 °C oder −20°C sind besser geeignet, auch zur Abtötung von an den Winter angepassten Schädlingen.
- Acht Stunden könnten zur Behandlung ausreichen, sollten aber mit den Zielarten geprüft werden. In manchen Betrieben wird standardmäßig 24 Stunden bei −20 °C behandelt.

Mechanische Bekämpfung

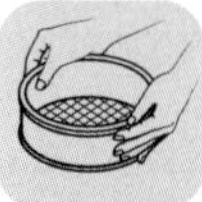

Prallung

Prallmaschinen oder Prallmühlen bestehen aus einer runden, mittig an einer Achse aufgehängten Rotorscheibe mit einer oder mehreren Reihen Bolzen im Randbereich. Getreide, Griese oder Mehle werden nun aus der Mitte auf die schnell rotierende Scheibe gefördert, bewegen sich nach außen und prallen dann auf einen der Bolzen, der die Partikel stark beschleunigt und gegen die Außenwand der Prallmühle schleudert, wo die Bewegung abrupt abgestoppt wird. Dies führt bei ausreichend präziser Prozessführung dazu, dass beschädigte oder ausgefressene Körner zerschlagen und Insekten abgetötet werden. Dieser Prozess wird bei Befall von Getreide aus Ökologischem Landbau teilweise genutzt, um Schädlinge mechanisch abzutöten. Durch einen Reinigungsschritt lässt sich danach gesundes Getreide abtrennen und der weiteren Verwertung zuführen. Prallmühlen werden zur Sicherheit teilweise auch vor dem Verpacken von Mehlen in den Produktionsprozess integriert, damit die Ware frei von lebenden Schädlingen den Hersteller verlässt.

Die Umlagerung von Produkten und die Anwendung von Getreidegebläsen führen ebenfalls zu Pralleffekten, wenn zum Beispiel Getreide aus einer gewissen Höhe auf die Lagerfläche fällt oder gegen eine Prallfläche geblasen wird. Diese Prallung so zu justieren, dass einerseits die Schädlinge sterben, andererseits wenig Bruchkorn entsteht, ist schwierig. Dennoch führen jede Umlagerung und Reinigung zu einer gewissen Mortalität und können befallsmindernd genutzt werden. Die Reinigung ist bei extern lebenden Arten, z. B. Reismehlkäfern und Getreideplattkäfern, wirksamer als bei sich im Korn entwickelnden Arten (z. B. Kornkäfer, Reiskäfer, Getreidekapuziner).

Anwendung der Prallung
- Getreide, Griese, Schrote oder Mehle
- zur Befallsminderung oder vorbeugend
- gegen alle Schädlingsarten in diesen Produkten

Siebung zur Behandlung von Mehlen

Mehle werden in vielen Mühlen vor dem Absacken in Plansichtern gesiebt. Hier werden Siebe bis zu einer Maschenweite von nur 100 µm genutzt. So lassen sich auch Eier und Larven vorratsschädlicher Motten und Käfer abtrennen, vorausgesetzt, dass Siebrückstände sicher abgereinigt und unschädlich gemacht werden. Zum Beispiel werden Eier der Reismehlkäfer und der Mehlmotte bei Siebung auf 0,2 mm abgetrennt. Darüber hinaus kann auch eine gewöhnliche Getreidereinigung zur Schädlingsbekämpfung unterstützend genutzt werden, um entstandene

Plansichter in einer Mühle zum Sieben von Mehlen

Fraßmehle und eventuellen Fremdbesatz sowie einen Teil der Schädlinge herauszureinigen.

Anwendung der Siebung
- vorbeugend und bei Befall
- gegen Insekten und deren Eier in Mehlen

Nagerbekämpfung

Ratten, Hausmäuse und andere Mäuse finden ihren Weg ins Vorratslager vor allem durch Gebäudeschäden. Dazu gehören Türspalten, Ritzen und Fugen bei Fenstern sowie Durchbrüche bei Wänden und Decken. Ratten können sich bereits durch Löcher von nur 2 cm Durchmesser hindurchzwängen. Darüber hinaus vergrößern sie vorhandene Materialschäden am Gebäude. Sie verderben durch ihren Kot und Urin die gelagerten Vorräte und können tödliche Krankheiten auf uns Menschen übertragen. Für Ratten besteht deshalb in manchen Bundesländern eine Meldepflicht. Das heißt, wenn Sie eine Ratte sichten, müssen Sie das beim Gesundheitsamt melden. Ratten und Hausmäuse vermehren sich ganzjährig und können deshalb schnell hohe Populationsdichten erreichen. Einem Befall durch Nager muss deshalb sofort und konsequent entgegengetreten werden.

Bauliche, organisatorische und Hygienemaßnahmen können einen Nagerbefall erfolgreich verhindern. Dazu sind die Zugänge zum Gebäude zu verschließen und alle Unterschlupfmöglichkeiten im Umfeld zu beseitigen. Gerümpel, Brennholzstapel und Abfall müssen beseitigt und Sackstapel sollten auf Paletten mit Abstand zur Wand gelagert werden.

Mäuseschlagfalle

Der Einsatz von chemischen Wirkstoffen ist in der jüngeren Vergangenheit eingeschränkt worden, wodurch die Verwendung von Schlagfallen wieder an Bedeutung gewonnen hat. Die Bekämpfung von Nagetieren mit begifteten Köderstationen sowie der gewerbliche Einsatz von Schlagfallen ist in jedem Fall durch professionelle Schädlingsbekämpfer oder Inhaber der erforderlichen Sachkundenachweise vorzunehmen.

Bei geringem Befall oder bei Zuwanderung können Ratten und Mäuse erfolgreich mit Fallen bekämpft werden. In etablierten Wanderrattenpopulationen können jedoch oft nur wenige Tiere gefangen werden, da die Artgenossen schnell gewarnt sind und dann die Fallen meiden.

In den meisten Fällen müssen Ratten mit chemischen Mitteln bekämpft werden. Durch wiederholte Kontrolle des Betriebsgeländes muss außerdem sichergestellt sein, dass ein Nagerbefall schnell entdeckt und bekämpft werden kann.

Biologische Verfahren

Lebende Gegenspieler sind zur biologischen Bekämpfung von vorratsschädlichen Insekten und Milben bekannt. Zur mikrobiologischen Bekämpfung können prinzipiell auch Mikroorganismen wie Bakterien, Viren oder Pilze eingesetzt werden, die als Pflanzenschutzmittel oder Biozide zugelassen werden müssen. Beim Einsatz von Milben und Insekten spricht man von makrobiologischer Bekämpfung. In der Praxis handelt es sich um parasitoide Schlupfwespen und räuberische Wanzen. Nur diese werden derzeit im Vorratsschutz kommerziell eingesetzt.

Einsatz von Nützlingen

Parasitoide

Verschiedene Schlupfwespen nutzen vorratsschädliche Insekten als Wirt für ihre Vermehrung. Die parasitoide Lebensweise besteht darin, dass die Schlupfwespen Eier in – oder an – die Larve oder das Ei des Vorratsschädlings legen. Der Nachwuchs der Parasitoiden verzehrt dann den Vorratsschädling. Die erwachsenen Parasitoide (Schlupfwespen) nehmen im Lager keine weitere Nahrung auf, das heißt, sie fressen nicht an den Vorräten.

Für einen erfolgreichen Einsatz ist die Bestimmung des Schädlings nötig, um den geeigneten Gegenspieler einsetzen zu können. Schlupfwespen werden im Leerraum, im Getreidelager, aber auch zum Schutz von verpackten Produkten eingesetzt. Im Schüttgut werden sie bei der Reinigung entfernt, und bei verpackten Produkten verhindert die Verpackung eine Kontamination der Lebensmittel.

Räuber

Räuber müssen immer mehrere Beutetiere verzehren, um selbst ihre Entwicklung abschließen und sich vermehren zu können. In Mitteleuropa sind nur wenige Wanzenarten und eine Fliegenart als Räuber an vorratsschädigenden Insekten bekannt. Raubmilben machen Jagd auf pflanzenfressende Milben wie die Mehlmilbe, fressen aber auch die Eier verschiedener Insekten.

Anwendung von Nützlingen

- vorbeugend und bei niedrigem Befall
- ergänzend nach anderen Maßnahmen zur Unterdrückung des Populationsaufbaus
- gegen fast alle Arten von Schädlingen möglich, aber artspezifisch
- regelmäßige Ausbringung erforderlich
- nur zeitversetzt mit physikalischen oder chemischen Regulierungsmaßnahmen kombinierbar

Pheromone

Pheromone sind Duftstoffe, mit denen Lebewesen einer Art, auch Insekten, miteinander kommunizieren. Sie gelten als biologische oder auch biotechnische Wirkstoffe, die für Zwecke des Vorratsschutzes eingesetzt werden können. Sie sind vor allem im Bereich der Schädlingsfrüherkennung von Bedeutung – also zur Bestimmung des Erstauftretens im Lager (siehe Kapitel Früherkennung).

Auch durch die großräumige Ausbringung von Sexualpheromonen mit Aerosolverteilern (Pheromondispensern) kann die Paarung der Insekten gestört werden. Die sogenannte Verwirrmethode wird bei früher Anwendung und niedrigen Befallsdichten der Dörrobstmotte, Speichermotte, Mehlmotte und Reismotte in Verarbeitungsanlagen mit unterschiedlichen Klimabedingungen angewendet. Die männlichen Falter sollen aufgrund der gleichmäßigen Verteilung des Hauptsexualduftstoffs die Weibchen nicht mehr finden. Allerdings wird der Erfolg dieser Maßnahme in unterschiedlichen Anwendungen eher widersprüchlich diskutiert. Zudem werden auch weitere Wirkstoffe, die für den Pflanzenschutz oder Vorratsschutz genutzt werden, als biotechnische Stoffe bezeichnet. Dabei werden die Definitionen unterschiedlich verwendet. Hier werden diese Stoffe im nachfolgenden Abschnitt unter den chemischen Verfahren als naturstoffliche Wirkstoffe aufgeführt.

Chemische Verfahren

Die Anwendung von Wirkstoffen, die aufgrund ihrer chemischen Eigenschaften toxisch auf Vorratsschädlinge wirken, wird als chemisches Verfahren bezeichnet. Je nach ihrer Herkunft können dies Naturstoffe wie Naturpyrethrum oder synthetisch hergestellte Stoffe wie Pyrethroide sein. Kohlendioxidgas kann aus natürlichen Quellen und aus chemischen Prozessen gewonnen werden, Stickstoff aus Prozessen der Luftzerlegung. Unabhängig von ihrer Herkunft müssen alle angewendeten Wirkstoffe in Deutschland zugelassen sein.

Die Bekämpfung vorratsschädlicher Organismen wird nicht nur nach dem Pflanzenschutzgesetz geregelt, sondern auch nach dem Biozidgesetz. Handelt es sich um verarbeitete Lebensmittel, die mehr als einen Rohstoff enthalten, geht es um ein Lager oder einen Verarbeitungsraum für Lebens- oder Futtermittel oder werden Gesundheitsschädlinge (z. B. Schaben, Fliegen, Ameisen) bekämpft, so gilt das Biozidrecht. Nach dem Biozidrecht wird der Umgang mit giftigen Stoffen in allen Bereichen geregelt, die nicht vom Pflanzenschutzrecht abgedeckt werden.

Wer Pflanzenschutzmittel oder Biozide anwenden möchte, muss sich immer zunächst über die aktuelle Zulassungssituation informieren. Nur Inhaber der entsprechenden Sachkundenachweise dürfen Pflanzenschutzmittel und Biozide anwenden. Für die Verwendung giftiger Gase sind zusätzlich Begasungsleiterscheine und eine nachweisbare Praxiserfahrung erforderlich.

Gemäß den Grundsätzen des Integrierten Pflanzenschutzes sind Mittel mit möglichst artspezifischer Wirkung und geringen Nebenwirkungen auszuwählen. Sie sind nur im erforderlichen Maß, also im geringstmöglichen Umfang, anzuwenden, und der Resistenzbildung ist durch Wirkstoffwechsel vorzubeugen.

Zulassung von Pflanzenschutzmitteln und Bioziden

Für die Zulassung von Pflanzenschutzmitteln ist in Deutschland die Bundesanstalt für Verbraucherschutz und Lebensmittelsicherheit (www.bvl.bund.de) zuständig, auf deren Internetseite derzeit auch die zugelassenen Mittel und Wirkstoffe für den Vorratsschutz aufgelistet sind.

Für die Zulassung von Bioziden ist die Bundesanstalt für Arbeitsschutz und Arbeitsmedizin (www.baua.de) verantwortlich.

Naturstoffliche Wirkstoffe

Kieselgur

Kieselgur oder Diatomeenerden sind Naturstoffe und können in Brot- und Futtergetreide eingemischt- oder in

Leerräumen vor der Einlagerung angewendet werden. Sie bestehen aus den vermahlenen Skeletten fossiler Kieselalgen (Diatomeen), die als aquatisches Plankton sowohl in Süß- als auch Salzwasser sehr arten- und individuenreich auftreten. In zahlreichen Regionen der Erde kann Kieselgur aus Bodenschichten abgebaut werden. Die Skelette dieser Plankton-Organismen bestehen aus Siliziumdioxid, das im Gegensatz zu Quarzsand nicht kristallin, sondern in einer amorphen Struktur vorliegt. Dieser Umstand verringert das Risiko der Entwicklung einer Silikose oder Staublunge bei Menschen.

Auf der Körperoberfläche der Insekten reagiert Kieselgurstaub mit den Fetten in der Wachsschicht der äußeren Hautschicht, saugt diese auf und führt damit zu einem unkontrollierten Wasserverlust, den die Tiere meist nicht ausgleichen können. Außerdem setzt sich der Staub in die Gelenke, z. B. die der Mundwerkzeuge, Beine, und Fühler, behindert so die Beweglichkeit und führt zu fortgesetzter Putztätigkeit, die oft in umso schnellerem Energieverlust und Tod endet.

Je nach Zusammensetzung der Kieselalgen im Kieselgur variieren die Eigenschaften des Siliziumdioxids und damit seine Wirksamkeit bei unterschiedlicher Luftfeuchte. Eine hohe Luftfeuchtigkeit und gute Futterversorgung der Schädlinge verringern die Wirksamkeit einer Kieselgurbehandlung.

Zu beachten ist weiterhin, dass Kieselgur die Fließeigenschaften des Getreides und das Hektolitergewicht verringert. Zudem kann das Mahlwerk in Mühlen stärker beansprucht und Geruch und optischer Eindruck können verändert werden. Mühlen und Bäckereien aus der ökologischen Verarbeitung wenden Kieselgur aber bereits langfristig ohne Probleme an. Häufig wird das Kieselgur im Getreide belassen. Durch Siebung kann ein Teil des Kieselgurs vor der Verarbeitung herausgereinigt werden. Eine weitgehende Reinigung des Korns ist mit Bürsten möglich.

Wirkung Kieselgur

- vorbeugender Einsatz zulässig in leeren Räumen und im Schüttgut
- nicht kombinierbar mit Nützlingseinsatz
- vergleichsweise widerstandsfähig sind Reismehlkäfer, Mehlkäfer, Messingkäfer und Speckkäferlarven

Pyrethrum

Pyrethrum ist ein pflanzliches Naturprodukt aus den Blüten der Chrysantheme. Chrysantheme besteht aus chemisch unterschiedlichen Pyrethrinen und entfaltet seine Wirkung als Nervengift. In einigen Pflanzenschutzmitteln können die Pyrethrine mit dem synthetisch erzeugten Synergisten Piperonylbutoxid versetzt sein. Pyrethrine werden als Aerosole, also Nebelmittel, ausgebracht. Die feinsten Tröpfchen erreichen also nur Tiere, die im freien Raum unterwegs sind. Individuen zwischen Getreidekörnern oder in anderen Substraten werden demgegenüber nicht erreicht. Aufgrund gesundheitlicher Nebenwirkungen dürfen Pyrethrine nicht auf die gelagerten Produkte gelangen. Daher eignen sich diese Nebel am besten zur Behandlung leerer Räume.

Anwendung von Pyrethrum

- zur Behandlung leerer Räume
- kein Kontakt mit Nahrungsmitteln!
- gegen alle Arten von Vorratsschädlingen

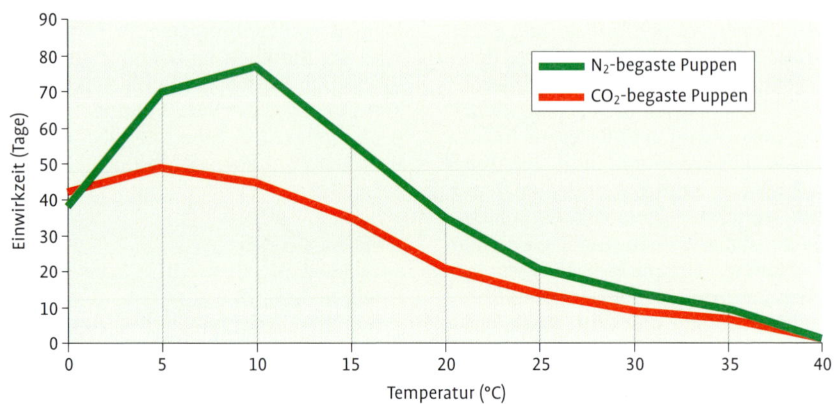

Erforderliche Einwirkzeiten zur Abtötung von Puppen des Kornkäfers mit modifizierten Atmosphären bestehend aus 80 % CO_2 (rot) bzw. 98 % N_2 (grün) (Daten aus Laborversuchen, Adler et al. 2000). Andere Käferstadien und Vorratsschädlinge sind in kürzerer Zeit abgetötet.

Inerte Gase

Kohlendioxid wurde 1998 erstmals für den Vorratsschutz zugelassen. Die Anwendung von Kohlendioxid unter Normaldruck fristet eher ein Nischendasein, da oft lange Einwirkzeiten erforderlich sind (zum Beispiel drei Wochen bei 20 °C zur Abtötung des recht widerstandsfähigen Kornkäfers und seiner Brutstadien in Getreide).

Anwendung Kohlendioxidbehandlung unter Normaldruck

- vorbeugend sowie als direkte Kontrollmaßnahme
- bei Verpackungen, Gebinden, Big-Bags ...
- auch gegen im Korn verborgene Insekten
- relativ lange Einwirkzeit, z. B. drei Wochen bei 20 °C gegen Kornkäfer

Die Wirksamkeit einer Behandlung mit Kohlendioxid steigt mit zunehmender Temperatur, was bei Normaldruck in einer Abnahme der zur Schädlingsabtötung nötigen Einwirkzeit zum Ausdruck kommt. Bei höherer Temperatur benötigt der Stoffwechsel mehr Sauerstoff und mehr Wasser. Statt erhöhter Temperatur führt aber auch erhöhter Druck bei einer weitgehend reinen CO_2-Atmosphäre zu einer schnellen Abtötung vorratsschädlicher Insekten. Kohlendioxid hat neben der Verdrängung von Luftsauerstoff eine eigene toxische Wirkung. Diese könnte auf Säurebildung in der Zelle und der kompetitiven Hemmung der Milchsäurebildung beruhen. Kohlendioxid ist deutlich schwerer als Luft und sinkt in einem behandelten Getreidelager zu Boden. Da die Luft zwischen den Getreidekörnern weitgehend ersetzt wird, drückt das Gas dann am Boden nach außen gegen die Abdichtung. Dies erfordert eine gute Befestigung gasdichter Planen auch am Boden, während Öffnungen an der

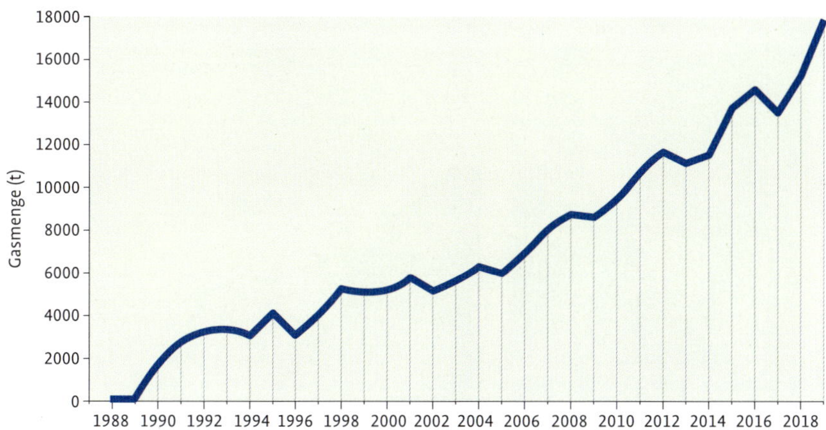

Entwicklung der in der Bundesrepublik Deutschland für den Vorratsschutz abgesetzten inerten Gase. Man kann davon ausgehen, dass es sich hierbei hauptsächlich um CO_2 für die Kohlendioxid-Hochdruckentwesung handelt. Quelle: BVL (2020)

Oberfläche eher toleriert werden können. Über der Getreideoberfläche wird der Gehalt an Kohlendioxid bestimmt, wobei nachdosiert wird, wenn dieser unter 60 % sinkt. Je nach Wassergehalt geht ein Teil des Kohlendioxids in den ersten Tagen einer Getreidebegasung verloren, bis es sich ausreichend im Kornwasser gelöst hat.

CO_2 wird unter Hochdruck für Gewürze, Kräuter, Tees und viele Lebensmittel auch prophylaktisch eingesetzt. Dazu werden die zu behandelnden Gebinde in eine Hochdruckkammer aus Stahl eingebracht, deren Konstruktion Teil des zugelassenen Verfahrens ist. Recht häufig verwendet wird eine Kombination aus drei Stunden Einwirkzeit und 20 bar Druck, da mit diesem Verfahren viele vorratsschädliche Insekten abgetötet werden können. Sind kurze Einwirkzeiten nicht erforderlich, kann auch bei geringeren Drücken über längere Einwirkzeiten behandelt werden. Bei 30 bar Druck ist oft schon eine Stunde Einwirkzeit ausreichend. Seit Zulassung der CO_2-Hochdruckbehandlung im Jahr 1989 hat die Zahl an Hochdruckbehandlungen in Deutschland stark zugenommen, was der Hauptgrund dafür sein dürfte, dass die Menge in Deutschland für den Vorratsschutz abgesetzter inerter Gase stark zugenommen hat.

Viele Betriebe verfügen über Zwillings- oder sogar Drillingskammern, um das aus einer Kammer abgelassene CO_2 gleich für eine andere Anwendung nutzen zu können. Oft wird in den Kammern zunächst durch Pumpen ein Vakuum erzeugt, weil so das CO_2 besser in die Produkte eindringt und es zu keiner Vermischung mit Luft kommt. Produkte mit sehr feinen Partikeln unter 100 µm Größe und einer großen Oberfläche, wie z. B. feine Mehle, können nicht durchgreifend entwest werden, da hier das CO_2 das Mehl von außen zusammendrückt und sich im Inneren eine Luftblase bildet, in der Insekten überleben können. Gröbere Partikel wurden in Versuchen aber durchdrungen.

Stickstoff hatte bis 2004 eine Zulassung, wurde aber wegen noch längerer

Stahlkammern für die Anwendung von CO_2 unter Hochdruck

Einwirkzeiten (5 Wochen gegen den Kornkäfer bei 20 °C) nie in großem Maßstab für den Vorratsschutz eingesetzt. Da Stickstoff eine der Luft vergleichbare Dichte hat, sind auch die Anforderungen an die Gasdichtigkeit noch höher. Bei Anwendungen wurde mit leichtem Überdruck gearbeitet, damit durch feinste Undichtigkeiten eher Stickstoff nach außen als Sauerstoff in das begaste Produkt dringt. Eine sauerstoffarme Atmosphäre kann auch durch Luftzerlegung erzeugt werden, indem man den Luftsauerstoff abtrennt und entfernt, sodass der Stickstoff übrig bleibt. So etwas ist durch mit Druckluft versorgte Membrananlagen oder Pressure Swing Adsorption (PSA) möglich. In Versuchen wurde nachgewiesen, dass die so erzeugten Atmosphären in gasdichten Abschlüssen für den Vorratsschutz eingesetzt werden können. Zumindest im Biozidbereich ist dieses Verfahren allerdings derzeit in Deutschland juristisch umstritten, da es hier eine Zulassung für Stickstoff gibt.

Anwendung Kohlendioxidbehandlung unter Hochdruck

- Rohwaren und Lebensmittel in Verpackungen, Gebinden, Big-Bags
- Achtung: keine gasdichten Verschlüsse! Es drohen Bombagen!
- erreicht auch verborgen lebende Schädlinge
- Bohnenkäfer sind widerstandsfähiger als andere Käfer oder Motten.
- nur in Produkten >100 µm, die Luftaustausch zulassen

Synthetische Wirkstoffe (nicht im Ökolandbau)

Phosphorwasserstoff

Monophosphan oder Phosphorwasserstoff (PH_3) ist ein Gas, das unter Zutritt der Luftfeuchte aus Metallphosphiden, z. B. Aluminiumphosphid oder Magnesiumphosphid, entsteht. Es gibt verschiedene Mittel und Ausbringungsformen (z. B. Tabletten, Säckchen, Beutelrollen) sowie auch eine fertige PH_3-Gasmischung, die 97 % Stickstoff enthält. In den USA gibt es auch eine Flaschengasmischung mit Kohlendioxid.

PH_3 hat eine hohe Wirksamkeit gegen Vorratsschädlinge. Die Wirkung tritt relativ langsam ein, daher dauern Begasungen in der Regel drei bis 14 Tage. Am tolerantesten sind die Eier und Puppen der Vorratsschädlinge. Zur Abtötung der meisten vorratsschädlichen Insekten reicht eine Wirkstoffkonzentration von 1000 ppm für fünf Tage bei etwa 20 °C aus. Es gibt auch Mittel gegen Nagetiere. Die physiologische Wirkung ist auch für den Menschen gefährlich. Daher müssen bei Begasungen Sicherheitsabstände eingehalten und Warnhinweise deutlich sichtbar ausgehängt werden. Reines Phosphorwasserstoffgas ist geruchlos. Die Mittel weisen durch die Beimengung anderer Phosphane einen stechend knoblauchartigen Geruch auf, der allerdings nicht von allen Menschen wahrgenommen werden kann.

Wird Getreide gegen Befall begast, so wird entweder ein Metallphosphide enthaltender Wirkstoff unter einer Folie ausgebracht oder das PH_3-Gas wird aus der Gasflasche in einen Sackstapel unter Folienabdichtung eingeblasen. In hohen Silozellen wird eine bessere Gasverteilung durch Luftumwälzung erzeugt. Dabei nutzt man eine Rohrverbindung zwischen dem Silodeckel und dem Siloauslauf und fördert die Luft durch das Getreide in einem vertikalen Kreislauf.

Bei der Erzeugung von PH_3 aus Metallphosphiden können im Falle einer hohen Luftfeuchtigkeit und einer großen Menge an Ausgangsmaterial hohe PH_3-Konzentrationen entstehen. Dies ist riskant, da sich das Gas ab etwa 20 000 ppm spontan selbst entzünden kann. Deshalb muss die Gasentwicklung gut überwacht werden. Zur Überwachung der Gaskonzentrationen gibt es verschiedene Analysesysteme, von denen viele gaschromatografisch oder optometrisch arbeiten. Als einfachste Technik sind Gasmessröhrchen verfügbar, die die Konzentration mit einem Farbumschlag anzeigen.

Durch Anwendung von Begasungsverfahren mit dauerhaft niedrigen Dosierungen oder durch wiederholt unzureichende Abdichtungen ist es in einigen Ländern zur Selektion hochgradig resistenter Schädlingspopulationen gekommen. Von Resistenz wird gesprochen, wenn Populationen eine mehr als zehnfach höhere Widerstandsfähigkeit gegenüber einem Wirkstoff entwickeln als normal empfindliche Individuen. Gegen PH_3 gibt es Resistenzen mit dem Faktor 1000. Wiederholt berichtet wurde von resistenten Stämmen in Australien, Indien und den USA.

Anwendung von Phosphorwasserstoff

- Begasung von Schüttgütern unter Folie, im Sackstapel unter Folie
- Begasung von abgedichteten Räumen, gasdichten Silozellen und Containern
- gegen Insekten und Nagetiere
- Gefahr der Resistenzbildung durch fachgerechte Anwendung und Wirkstoffwechsel vorbeugen

Sulfuryldifluorid
Der Wirkstoff Sulfuryldifluorid kommt ursprünglich aus dem Holzschutz und wurde als Ersatzstoff für den Vorratsschutz eingeführt, als Methylbromid wegen seiner ozonzerstörenden Eigenschaften in der Stratosphäre international aus der Zulassung genommen wurde. Behandelt werden z. B. leere Mühlen ohne Mitbehandlung von Getreide oder Schalenfrüchte (Nüsse) vor dem Export. Ein EDV-Programm gibt die Dosierung vor. Allerdings reicht die vorgesehene Dosierung unter den Bedingungen in Mitteleuropa meist nicht zur Abtötung von Eiern der Schädlinge aus. Sulfuryldifluorid kann nicht von Gasfiltern in Gasmasken zurückgehalten werden. Daher dürfen begaste Räume nur mit Druckluftatemgeräten betreten werden.

Anwendung Sulfuryldifluorid
- Zur Behandlung von Leerräumen (z. B. Mühlen) oder Schalenfrüchten (Nüssen)
- Zur Behandlung von durch Folie abgedichteten Sackstapeln und Schüttungen, in Containern und Druckkammern
- gegen alle Arten von Vorratsschädlingen
- In der vorgeschriebenen Dosierung nicht wirksam gegenüber Eiern

Pyrethroide
Bereits in den 1970er-Jahren hat man versucht, die Wirksamkeit der natürlichen Pyrethrine zu verstärken und ihren natürlichen Abbau zu verzögern. Eins der daraufhin entwickelten synthetischen Pyrethroide ist das Deltamethrin. Dieser Wirkstoff wurde 2011 für den Vorratsschutz in Deutschland zugelassen, als die Zulassung für den Phosphorsäureester Pirimiphos-methyl zur Leerraumbehandlung widerrufen wurde. Hier ist derzeit in einzelnen Mitteln der Hilfsstoff Piperonylbutoxid (Synergist) enthalten.

Anwendung Pyrethroide
- Spritzen oder Vernebeln in leeren Räumen
- Spritzung auf Produkte bei Umlagerung
- nicht kombinierbar mit Nützlingseinsatz

Wirkstoffe zur Nagerbekämpfung
Die zur Nagerbekämpfung genutzten Rodentizide enthalten blutgerinnungshemmende Wirkstoffe, sogenannte Antikoagulantien. Sie werden z. B. als Getreideköder, Festköder oder als pastöse Köder angewendet. Die Aufnahme von Antikoagulantien durch Nager führt dazu, dass die Blutgerinnung der Tiere herabgesetzt wird und sie dadurch meist innerlich verbluten. Die Wirkung tritt erst nach drei bis sieben Tagen ein, sodass vor allem Ratten die einsetzende Giftwirkung nicht mit dem Giftköder in Verbindung bringen können und dadurch keine Köderscheu entwickeln.

Bei Antikoagulantien unterscheidet man zwischen Wirkstoffen der ersten Generation (Warfarin, Chlorphacinon und Coumatetralyl) und der zweiten Generation (Bromadiolon, Difenacoum, Brodifacoum, Flocoumafen und Difethialon) (siehe Tabelle). Bei Resistenzen müssen die stärker toxischen Wirkstoffe angewendet werden. Ansonsten sollten die Wirkstoffe der ersten Generation wegen ihrer geringeren Toxizität bevorzugt werden. Um Primärvergiftungen von Haus- und Wildtieren vorzubeugen, müssen Antikoagulantien verdeckt und nur in verschließbaren Köderstationen ausgelegt werden. Mittel mit den Wirkstoffen Brodifacoum, Flocoumafen und Difethialon dürfen wegen ihrer hohen Toxizität nur in Räumen angewendet werden.

Abgesehen von Antikoagulantien kommen in besonderen Fällen auch Be-

Wirkstoffe und Toxizität (LD_{50} Ratte akut oral) verschiedener Antikoagulantien

Wirkstoff	LD_{50} akut oral (Ratte, mg/kg)
Erste Generation	
Warfarin	10–20
Chlorphacinon	20,5
Coumatetralyl	15–30
Zweite Generation	
Bromadiolon	1,3
Difenacoum	1,8–3,5
Brodifacoum	0,2–0,37
Flocoumafen	0,2–0,56
Difethialon	0,4–0,62

gasungsmittel, wie zum Beispiel Kohlendioxid und Aluminiumphosphid, zur Anwendung. Zur Bekämpfung von Mäusen im Innenbereich darf Chloralose in zugriffsgesicherten, stabilen Köderboxen angewendet werden. Mit Cholecalciferol (Vitamin D3) hat die Europäische Kommission 2019 einen neuen Wirkstoff mit endokriner Wirkung genehmigt, der eine Alternative zu Gerinnungshemmern sein könnte.

Schädlingsbekämpfung im Haushalt

Findet man vorratsschädliche Insekten im Haushalt, sollte man zunächst bestimmen, um welche Schädlingsart es sich handelt. In vielen Fällen reicht es schon aus, die Insekten bis zur Familienebene zu bestimmen, da sich die Befallsursache auf diese Weise eingrenzen lässt.

Vorräte inspizieren
Handelt es sich um vorratsschädliche Motten, sollte man alle Vorräte – ggf. auch Futtermittel – inspizieren, um festzustellen, welche Produkte befallen sind. Diese erkennt man üblicherweise an Gespinsten, Verschmutzungen durch Kotpartikel, Ausbohrlöchern in Beuteln und Kartons, lebenden und toten Larven, Larvenhäuten, Puppen und adulten Tieren. Bei warmen Temperaturen kann ein einzelnes Insekt von außen durch ein offenes Fenster zugeflogen sein.

Allerdings können weibliche Motten innerhalb einer Woche rund 300 Eier legen, bevorzugt an geeigneten Vorräten oder Öffnungen einer Verpackung, die attraktive Gerüche verströmt. Die innerhalb weniger Tage schlüpfenden winzigen Eilarven wandern dann, ebenfalls vom Geruch geleitet, durch die Öffnungen in verpackte Lebensmittel ein. Damit kann ein einzelnes Weibchen einen sehr schweren Befall auslösen.

Findet man ein befallenes Lebens- oder Futtermittel, so sollte dieses umgehend dicht verpackt werden. Die lebenden Tiere werden über Tiefgefrieren oder Erhitzen abgetötet und dann entsorgt, möglichst bevor eine neue Generation geschlechtsreifer Tiere entstanden ist.

Zu den häufigsten Vorratsschädlingen im Haushalt gehören Dörrobstmotten im Getreide und in Getreideprodukten, Schokoladen, Nüssen, Trockenobst und Backwaren. Brotkäfer treten in Gewürzen und Getreideprodukten auf, und Speckkäfer kommen in Tiertrockenfutter und fleischhaltigen Trockenerzeugnissen vor. Bestimmte Arten leben aber auch in Bodenschüttungen unter Dielenböden und Parkett oder in Vogelnestern und Aas. Daher können die Speckkäfer aus Dachböden, Bäumen und nahen Grünanlagen in Wohnungen eindringen.

Wanderlarven
Bei Motten sind die gut 10 mm großen Wanderlarven problematisch, da sie mit ihren starken Mundwerkzeugen von innen Verpackungen durchnagen und aus den befallenen Vorräten auswandern. Man findet sie oft in großer Entfernung vom Befallsherd, da sie gern an Wänden nach oben kriechen und sich dann in Verstecken hinter aufgehängten Bildern oder in der Ecke zwischen Zimmerwand und Zimmerdecke in einem Kokon verpuppen. Hat es Mottenbefall gegeben, so ist es sinnvoll, zeitig im Frühjahr alle Räume zu inspizieren und Gespinste zu entfernen, bevor die neue Faltergeneration schlüpft.

Bekämpfung durch Einfrieren
Auf Verpackungen, die augenscheinlich unbefallen sind, könnten bereits Eier abgelegt worden sein. Daher empfiehlt es sich, trockene Lebensmittel für etwa 24 Stunden lang bei −20 °C einzufrieren. Alle Vorratsschränke sollten bei dieser Gelegenheit gründlich gereinigt werden. In sehr schweren Fällen oder bei wiederholt erfolgloser Behandlung empfiehlt es sich, einen geprüften Schädlingsbekämpferbetrieb zu beauftragen, der zunächst sein Vorgehen in einem Angebot genau beschreiben sollte.

Weitere Schädlinge
Bei Befall mit Schaben, Bettwanzen oder Nagetieren sollten in Häusern mit mehreren Parteien immer die Hausverwaltung und ein Schädlingsbekämpfungsbetrieb eingeschaltet werden, da hier oft schon mehrere Wohnungen betroffen sind. Nur ein koordiniertes Vorgehen führt in diesem Fall zum Ziel, den Befall wieder loszuwerden. Gerade Schaben und Bettwanzen können über Reisegepäck in Wohnungen eingeschleppt werden, weitgehend unabhängig von der zuvor gewählten Hotelkategorie. Daher dürften mit steigender Mobilität der Gesellschaft unliebsame Kontakte mit Hygiene- und Gesundheitsschädlingen eher noch zunehmen.

Gesetzliche Regelungen zum Vorratsschutz

Viele Rechtsvorschriften sind heute europaweit einheitlich geregelt. Europäische Verordnungen gelten immer sofort in allen Mitgliedsländern. Die im Folgenden genannte Auswahl an Regelungen soll einen Überblick geben über die rechtlichen Rahmenbedingungen, erhebt aber keinen Anspruch auf Vollständigkeit. Auch die Aktualität sollte stets über Internetrecherche überprüft werden.

Wichtige Rechtsvorschriften

Gesetz zum Schutz der Kulturpflanzen
Nach dem Gesetz zum Schutz der Kulturpflanzen (Pflanzenschutzgesetz) in der Fassung vom 6. Februar 2012 ist der Vorratsschutz beschrieben als der „Schutz von Pflanzenerzeugnissen vor Schadorganismen". Hier finden sich auch weitere wichtige Begriffsdefinitionen, z. B. die Erläuterung, dass es sich bei Pflanzenerzeugnissen um „Erzeugnisse pflanzlichen Ursprungs, die nicht oder nur durch einfache Verfahren, wie Trocknen oder Zerkleinern, be- oder verarbeitet worden sind" (ausgenommen verarbeitetes Holz) handelt. Der Integrierte Pflanzenschutz ist nach dem Pflanzenschutzgesetz definiert als eine „Kombination von Verfahren, bei denen unter vorrangiger Berücksichtigung biologischer, biotechnischer, pflanzenzüchterischer sowie anbau- und kulturtechnischer Maßnahmen die Anwendung chemischer Pflanzenschutzmittel auf das notwendige Maß beschränkt wird".

Gemäß § 3 des Pflanzenschutzgesetzes darf Pflanzenschutz nur nach guter fachlicher Praxis durchgeführt werden. Die gute fachliche Praxis im Pflanzenschutz umfasst insbesondere die Einhaltung der allgemeinen Grundsätze des Integrierten Pflanzenschutzes des Anhangs III der Pflanzenschutz-Rahmenrichtlinie (Richtlinie 2009/128/EG). Die „Grundsätze für die Durchführung der guten fachlichen Praxis im Pflanzenschutz" wurden im Bundesanzeiger Nr. 76a vom 21. Mai 2010 bekanntgegeben und sind auf der Homepage des Bundesministeriums für Ernährung und Landwirtschaft (BMEL) als Broschüre abrufbar. Die derzeit geltenden Grundsätze sollen an den aktuellen Stand von Wissenschaft und Technik sowie an die Vorgaben der Richtlinie 2009/128/EG angepasst werden.

Verordnung über das Inverkehrbringen von Pflanzenschutzmitteln
Die Verordnung (EG) Nr. 1107/2009 über das Inverkehrbringen von Pflanzenschutzmitteln führt in Artikel 2 aus, dass Pflanzenschutzmittel dem „Schutz von Pflanzen und Pflanzenerzeugnissen vor Schadorganismen und deren Einwirkung" dienen. In Artikel 17 wird erstmals erwähnt, dass Wirkstoffe mit niedrigem Risiko gegenüber denen mit höherem Risiko begünstigt werden sollen. Nach Artikel 19 sollen bestimmte

Wirkstoffe als Substitutionskandidaten gekennzeichnet und von den Mitgliedsstaaten durch solche mit geringerem Risiko oder durch nicht-chemische Verfahren der Bekämpfung oder Prävention ersetzt werden.

Verordnung über Bereitstellung und Verwendung von Biozidprodukten
Stehen bei einer im Vorratsschutz durchgeführten Behandlung Gesundheits- oder Hygieneschädlinge im Vordergrund oder handelt es sich um den Schutz verarbeiteter Lebensmittel, so gilt die Verordnung (EU) Nr. 528/2012 über die Bereitstellung auf dem Markt und die Verwendung von Biozidprodukten. Die Definition der Biozidprodukte umfasst sämtliche Produkte, die dazu bestimmt sind, auf andere Art als durch bloße physikalische oder mechanische Einwirkung im nicht-agrarischen Bereich Schadorganismen zu zerstören, abzuschrecken, unschädlich zu machen, ihre Wirkung zu verhindern oder sie in anderer Weise zu bekämpfen. Der Begriff „Schadorganismus" bezieht sich dabei auf Organismen – einschließlich Krankheitserregern –, die für Menschen, für Tätigkeiten des Menschen oder für Produkte, die von Menschen verwendet oder hergestellt werden, oder für Tiere oder die Umwelt unerwünscht oder schädlich sind.

Die Unterscheidung zwischen Pflanzenschutzmittel und Biozid hängt nicht ausschließlich vom Schadorganismus (Vorratsschädling oder Gesundheitsschädling) ab. Wurden beispielsweise mehrere Pflanzenerzeugnisse zu einem Lebensmittel oder Tierfutterprodukt vermischt, gilt nicht mehr das Pflanzenschutzgesetz, sondern das Biozidrecht. Schließlich spielt auch der Ort der Anwendung eine Rolle: Werden in einem Lagerraum Pflanzenerzeugnisse gelagert, so gilt dort das Pflanzenschutzrecht, in einem Lebensmittellager dagegen das Biozidrecht. Pflanzenschutzmittel und Biozide werden in rechtlichen Abhandlungen als Pestizide zusammengefasst.

Weitere Verordnungen
Die Verordnung (EG) Nr. 396/2005 regelt die Höchstgehalte an Pestizidrückständen in oder auf Lebens- und Futtermitteln pflanzlichen und tierischen Ursprungs.

Ein Großteil der geernteten pflanzlichen Erzeugnisse ist für die Verwendung als Lebens- oder Futtermittel vorgesehen. Aus diesem Verständnis heraus ist der Vorratsschutz Teil der Lebens- und Futtermittelherstellungskette und somit von verschiedensten nationalen und europäischen gesetzlichen Regelungen (Lebensmittelbasisverordnung [EG] Nr. 178/2002, Futtermittelhygiene-Verordnung [EG] Nr. 183/2005 etc.) betroffen.

Nach der Lebensmittelhygieneverordnung (LMHV, 2007) müssen Lebensmittel unbedenklich, sicher und genusstauglich, weder verdorben noch ekelerregend sein, dürfen also keine Kontaminanten und tierischen Schaderreger enthalten. Zum Schutz der öffentlichen Gesundheit sowie der Tiergesundheit gelten Höchstgehalte für bestimmte Kontaminanten (z. B. Mykotoxine) in Lebensmitteln (Verordnung EG 1881/2006) sowie für unerwünschte Stoffe in der Tierernährung (Richtlinie 2002/32/EG).

Um die Ausbreitung vorratsschädlicher Arten zu verhindern, können gemäß § 11 der Pflanzenbeschauverordnung Getreide, Reis und weitere Pflanzenerzeugnisse sowie lebende Teile von Pflanzen vor der zollamtlichen Abfertigung auf Befall mit bestimmten Schadorganismen untersucht werden.

Die Gefahrstoffverordnung regelt den Schutz vor gefährlichen Stoffen, unter die auch bestimmte Pflanzenschutzmittel und Biozide fallen. Details zum Umgang und zu Sicherheitsmaßnahmen sind nach Wirkstoffgruppen in den Technischen Regeln Gefahrstoffe (TRGS) festgelegt. Diese betreffen beispielsweise auch die Anwendung giftiger Begasungsmittel für den Vorratsschutz.

Die EU-Öko-Basisverordnung 834/2007 beschreibt die Regeln für den Ökologischen Landbau in Europa. Substanzen, die zum Pflanzenschutz im Ökolandbau eingesetzt werden dürfen, sind in Anhang II der Verordnung (EG) Nr. 889/2008 Durchführungsvorschriften zur Verordnung (EG) Nr. 834/2007 gelistet. Zusätzlich ist eine (nationale) Zulassung der genannten Wirkstoffe als Pflanzenschutzmittel für die Anwendung im Vorratsschutz notwendig. Darüber hinaus enthalten die Richtlinien der ökologischen Anbauverbände Auflistungen der anwendbaren Mittel und grundsätzliche Regelungen zu Vorratsschutzmaßnahmen.

Praxistipps zum Vorratsschutz

Vorratsschutzthemen sind interessant, schon wegen der Sinnesleistungen der Schadorganismen. Vorratsschutz in der Praxis ist spannend! Jeder Betrieb ist neu und stellt eine Herausforderung für den Lagerverantwortlichen dar. Es gilt vor den einzuleitenden Maßnahmen detektivisch tätig zu werden. Spuren suchen, Untersuchung von Details, Bestimmung der gefundenen Insekten – ohne große Detailkenntnis gibt es keinen erfolgreichen Vorratsschutz.

Aber wie fängt es an? Was gilt es zu beachten und was kann übersehen werden? Der folgende Abschnitt wird einen Einstieg in das Abenteuer Vorratsschutz geben.

Der Praxisteil besteht aus allgemeinen Hinweisen und speziellen Fragestellungen für die Bereiche Landwirtschaft, Verarbeitung und Handel.

Voraussetzung für alle Vorratsschutzbereiche ist die Kenntnis der auftretenden Vorratsschädlinge. Nur mit diesem Wissen können geeignete Bekämpfungsstrategien entwickelt werden. Neben der Bestimmungshilfe in diesem Handbuch können auch die im Anhang genannten Internetseiten genutzt werden. Zusätzlich oder zur Absicherung können die Tiere auch zur Bestimmung eingesandt werden.

Bestimmungsmöglichkeit für eingesandte Vorratsschädlinge

Eine weitere Möglichkeit ist die Bestimmung per Mobiltelefon mithilfe des Bildversands oder direkt über die App einiger Anbieter.

Grundsätzlich sollte immer versucht werden, kurzfristig Änderungen zu bewirken, die eine Zuwanderung oder Ansiedlung von Schädlingen verhindern. Entscheidender Einfluss kann auf die Logistik genommen werden, da an dieser Stelle kleine Änderungen bereits große Verbesserungen bewirken können. Leider werden hier, obwohl bekannt, die meisten Fehler gemacht. Grundregel bei der Logistik sollte immer „First in first out" sein, was bedeutet, dass die Waren, welche als Erste angeliefert werden, auch als Erste das Lager wieder verlassen sollten. Leider gestaltet sich der Umgang mit dieser Regel in der Praxis oft schwierig und geht mit dem Problem der Zusammenarbeit zwischen Qualitätssicherung und anderen Betriebsbereichen einher. Weiterhin spielt die Art der Lagerung (z. B. die Aufteilung nach Produktgruppen im Gegensatz zur sogenannten chaotischen Lagerung) eine Rolle.

Es gilt klare Zuständigkeiten und Ansprechpartner zu schaffen und rechtzeitig Notfallpläne (siehe Seite 73) zu entwickeln.

Ein weiterer wichtiger Aspekt ist die Einhaltung der rechtlichen Vorgaben in der Lebensmittelhygieneverordnung, deren Aspekte ebenfals Berücksichtigung finden müssen. Hierzu gehören vor allem die Dokumentation aller Maßnahmen (Kapitel „Schädlingsfrüherkennung") und die regelmäßige Schulung der Mitarbeiter.

Die folgenden Beispiele aus der Praxis sollen die Vorratsschutzmaßnahmen veranschaulichen.

Fall 1: Tatort Landwirtschaft

Die höchsten Qualitätsanforderungen werden an Speisegetreide gestellt. Dementsprechend müssen Qualitätsprobleme vermieden werden. Doch wie?

Vorbeugung ist hier der Schlüssel. Das betrifft die Vorbereitung der Lagerstätte und die Vorbereitung der Getreidepartie. Darüber hinaus ist für die landwirtschaftliche Erzeugung die „Gute Hygienepraxis" im Sinne der Lebensmittelhygieneverordnung zu beachten (Verordnung [EG] Nr. 852/2004, Anhang I). Für direktvermarktende landwirtschaftliche Betriebe gibt es spezifische Leitlinien des Bauernverbandes. Für Erzeuger pflanzlicher Produkte bedeutet die „gute Hygienepraxis" insbesondere:

- Anlagen, Ausrüstungen, Behälter, Fahrzeuge und Ähnliches zu reinigen,
- hygienische Produktions-, Transport- und Lagerbedingungen sicherzustellen,
- die Sauberkeit der Pflanzenerzeugnisse sicherzustellen,
- beteiligtes Personal zu schulen,
- Kontaminationen durch Tiere und Schädlinge so weit wie möglich zu verhindern,
- Kontaminationen durch Abfälle und gefährliche Stoffe zu verhindern,
- die Ergebnisse von Produktanalysen oder sonstigen gesundheitsrelevanten Untersuchungen zu berücksichtigen,
- Pflanzenschutzmittel und Biozide vorschriftsmäßig zu verwenden,
- Buch zu führen über die Verwendung von Pflanzenschutzmitteln und Bioziden, aufgetretene Schädlinge und Krankheiten sowie die Ergebnisse einschlägiger Analysen von Pflanzenproben oder sonstigen gesundheitsrelevanten Proben.

Qualitätsprobleme bei Getreide

- Bruch- und Schmachtkörner
- unreife und ausgewachsene Körner
- Verunreinigungen: Steine und andere Fremdkörper, Stäube, Insektizidrückstände, Fehlbesatz (Beikrautsamen, Vorkulturen)
- Fremdgeruch
- Schädlingsbefall: Käfer, Motten, Milben und deren Ausscheidungen
- mikrobiell geschädigte Körner: Pilze, Bakterien und deren Gifte (Verfärbungen, muffiger Geruch, Nachweis von Toxinen und Keimzahlen)

Vorbereitung

Idealerweise sollte das Lager vor der Einlagerung komplett leer sein. Zur Reinigung eignen sich Industriestaubsauger.

Beim Reinigen können auch gleich bauliche Schwachpunkte ermittelt werden. Tauchen bei der Reinigung Vogel- oder Mäusenester auf, ist Vorsicht geboten – hier müssen Handschuhe und Mundschutz zum Einsatz kommen.

Der gute Lagerraum

- trocken
- gut belüftet
- sauber
- Fußboden aus glattem Beton
- glatte Wände, Außenwände gut isoliert
- frei von besonderen Gerüchen

Steht die Ernte bevor, ist nicht nur das Lager zu inspizieren. Zunächst sind der Mähdrescher und die Transportfahrzeuge zu untersuchen: Gibt es hier Reste

Ritzen und Spalten müssen dauerhaft verschlossen sein. Hier können sich sowohl Produktreste als auch Schädlinge festsetzen.

Unebenheiten bieten Raum für Ablagerungen und Mottenbefall.

von Pflanzenteilen, Schädlingen oder gar Schmierfett und lose Metallteile?

Gleiches gilt für die Annahmegrube und die Schnecken bzw. Förderer. Sind sie mit Schädlingen befallen, kann in kurzer Zeit von hier aus ein massiver Befall auf das Getreide übergehen. Auch während der Ernte können Lagerprobleme im Vorfeld vermieden werden. Das Getreide muss beim Mähdrusch gut reif sein. Befinden sich viel Erde und Staub im Mähdrescher, so muss er zwischengereinigt werden. Bereits die optimale Einstellung des Dreschkorbs hilft Bruchkorn zu verringern.

Probleme machen häufig Partien, die kurzfristig um- oder ausgelagert werden sollen. Hier gilt es, frühzeitig zu überlegen, wo die fraglichen Partien untergebracht werden sollen. Wichtig ist auch der Umgang mit Resten aus dem Vorjahr, denn diese sind häufiger befallen und bedrohen die neue Ernte. Grundsätzlich steigt die Befallsgefahr mit der Lagerdauer. Deshalb gilt das Prinzip „First in – first out“.

Die gute Getreidepartie

- 10–15 °C
- 12 % Kornfeuchte
- gut gereinigt
- gut sortiert
- gut belüftet
- geringe Temperatur- und Feuchteschwankungen
- sorgfältig überwacht mit Thermometer und Hygrometer

Vorreinigung

Reinigen mit Saug- oder Druckluft sichtet das Getreide und entfernt Staub und leichte Teile. Siebreinigung entfernt auch Fremdsaaten, Sand und andere schwere, kleine Teile (pneumatische Kegelreiniger, Windsichter, Siebtrommelreiniger). Die Leistung von Reinigern sollte 10 bis 20 % höher sein als die der vorgeschalteten Förderkapazität. Durch Sieben einer Getreideprobe kann man auch den Staubanteil abschätzen. Staub sollte weitestgehend vermieden bzw. ausgereinigt werden, denn die Luftkanäle zwischen den Körnern der Schüttung werden durch Staub verengt bzw. verstopft. Die Durchlüftung und damit der Transport von Wärme und Feuchtigkeit werden behindert. Auch kann der Anteil von Schimmelpilzen und anderen Mikroorganismen am Staub hoch sein. Nicht zuletzt besteht die Gefahr einer Staubexplosion, wenn eine ausreichende Teilchendichte von Kohlenstoffhydraten in der Luft und eine Zündquelle zusammenkommen.

Trocknen und Belüften

Eine möglichst weitgehende Trocknung verringert die Geschwindigkeit der Entwicklung von Schadorganismen, aber auch die Alterungsprozesse des Produkts selbst. Für Weizen gilt, dass bei Kornwassergehalten von weniger als 13 % die Keimfähigkeit praktisch gar nicht abnimmt. Das ermöglicht der unter Aufsicht der Bundesanstalt für Landwirtschaft und Ernährung eingelagerten Bundesreserve, Getreidepartien bis zu zehn Jahre lang zu lagern und dann dem Markt zuzuführen. Weizen mit 14 % Kornwassergehalt verliert dagegen schon in sechs Monaten an Keimfähigkeit, die unter einen Grenzwert von 90 % absinkt. Die Keimfähigkeit ist zwar hauptsächlich für Saatgetreide bedeutsam. Eine deutliche Absenkung gilt aber auch als Warnhinweis auf weitere drohende Qualitätsverluste. Der Trocknungsprozess mit hohen Temperaturen kann lebende Vorratsschädlinge abtöten, sobald mehr als 60 °C erreicht werden.

Flachlager der Bundesreserve Getreide

Die relative Luftfeuchte ist für die Getreidelagerung von höchster Wichtigkeit. Sie ist für den Wassergehalt entscheidend, auf den sich das Getreide während der Lagerung einstellt. Der Wassergehalt (Kornfeuchte) beträgt bei z. B. Roggen 18,6 % bei 87 % relativer Feuchte der Raumluft, während sie bei 65 % relativer Feuchte der Raumluft nur noch 14,2 % im Korn beträgt. Entscheidend ist, dass die Luft zwischen den Getreidekörnern eine relative Feuchte von weniger als 70 % aufweist. Unter diesen Bedingungen wird das Wachstum von Schimmelpilzen unterdrückt und die Atmung des Getreides selbst ist gering. Sicherheit bringt hier das Messen dieser Werte.

Durch den Einfluss der Luftfeuchtigkeit schwankt die Getreidefeuchte im Lauf des Jahres. Mit Taubildung ist besonders im Frühjahr zu rechnen, wenn die Außenluft wärmer ist als das Getreide und die Luft im Lagergebäude. Im Herbst hat dagegen das Lagergetreide eine höhere Temperatur als die Außenluft. Die Außenluft wirkt dann trocknend, wenn sie in den wärmeren Lagerraum eintritt. Im Winter und im beginnenden Frühjahr sollte das Getreide möglichst unberührt und unbelüftet liegen bleiben. Eine Belüftungstabelle gibt eine gute Orientierung zur Einstellung guter Lagerbedingungen bei der Belüftung mit Außenluft. Beim Bau einer neuen Lagerhalle ist der Bau der Belüftungskanäle als Unterflurkanal in den Betonboden zu empfehlen.

Lagerparameter

- Welche Temperatur hat die Luft im Lagerraum?
- Welche Temperatur hat das Getreide?
- Wie hoch ist die Kornfeuchte?
- Wie hoch ist die Luftfeuchte im Lager?

Getreideschüttung in der Lagerhalle

Geignete Feuchtemesser

Getreidefeuchtemesser sind sortenspezifisch geeicht. Das Getreide wird zum Teil gemahlen, um die Kornfeuchte besser bestimmen zu können. Die transportablen Geräte messen die Feuchte über die elektrische Leitfähigkeit des Prüfguts. Viele Geräte sind zur Messung mehrerer Getreidesorten ausgelegt, und einige können auch Durchschnittsberechnungen durchführen.

Temperaturüberwachung

Ist das Getreide eingelagert, lohnt sich die regelmäßige Überwachung der Lagertemperatur. Prophylaktisch können gegebenenfalls außerdem etwa einen Monat nach Einlagerung Nützlinge eingesetzt werden (siehe Kapitel „Schädlingsbekämpfung").

Geeignete Thermometer

Im Lagerraum hilft meist schon ein einfaches Minimax-Thermometer, das neben der aktuellen Temperatur auch die minimale und die maximale Temperatur in der Vergangenheit anzeigt. In der Getreideschüttung kann die Temperatur z. B. mit Thermometerstäben mit Messbereichen von −10 bis +50 °C oder mit Getreidekontrollthermometern mit Messbereichen von 0 bis +60 °C in einer Messstelle bestimmt werden. Die Thermometerstäbe sind beispielsweise 2 m lang und können auch nach dem Baukastenprinzip verlängert werden. Die Messung erfolgt mechanisch oder elektronisch. Spezialisierte Firmen bieten Ausrüstungen für Silos (z. B. Messgehänge) oder Messaufnehmer für Flachlager, Lagerhallen und Boxen an (z. B. Glasfiberstäbe mit mehreren Sensoren). Messwerte zahlreicher Temperaturmessstäbe können gleichzeitig digital überwacht und gespeichert werden. Auch Fernabfragen sind möglich.

Die Instrumente müssen so stehen, dass sie die in das Lager strömende Luft

Überwinternde Diapauselarven der Speichermotte an der Holzbox eines Getreideflachlagers

auch erfassen können. Direkte Sonneneinstrahlung, aber auch Rückstrahlung von warmen Wänden verfälschen die Messwerte und sollten im Getreidelager ohnehin vermieden werden.

Form der Schüttungen und Stapel

Körnerschüttgüter wie Getreide oder Hülsenfrüchte sollten bei längerer Lagerung möglichst an der Oberfläche glattgezogen werden, da so die Durchlüftung gleichmäßig stattfindet. Bei einer Lagerung mit Bergen und Tälern ist das Belaufen zur Schädlingskontrolle erschwert. Warme Luft sucht sich außerdem den Weg des geringsten Widerstands, entweicht also durch Täler, während die Hügel wenig durchlüftet bleiben. Dort kann sich dann bevorzugt Insektenbrut entwickeln.

Auch das Sacklager muss übersichtlich geführt werden. Die Säcke sollten auf Paletten stehen, wobei die Paletten selbst regelmäßig ausgetauscht bzw. gereinigt werden müssen, damit sich keine Produktreste oder Schädlinge festsetzen. Sackstapel sollten zur Kontrolle und zur Belüftung mit Gängen angelegt werden. Die Paletten oder auch Big Bags sollen nicht direkt an der Wand stehen, sodass sie rundherum kontrolliert werden können. In der Umgebung der Säcke sollte möglichst kein Verpackungsmaterial platziert werden. Insbesondere Wellpappe sollte nicht direkt neben Vorräten lagern, da sich in ihr gern Vorratsschädlinge verstecken oder auch verpuppen. Bei Umbauten im Betrieb ist der Vorratsschutz stets mit einzuplanen, damit solche räumlichen Engpässe nicht entstehen.

Sackstapel auf Palette

Fall 2: Tatort Verarbeitung

Bei der Erstbegehung heißt es, einen Überblick über alle Bereiche des Betriebes zu bekommen. Gleich einer Tatortbegehung sollte man auf Spurensuche gehen und Ausschau halten nach den kleinen, oft immer gleichen Problemen in der lebensmittelverarbeitenden Industrie. Es empfiehlt sich, den Prozessweg der zu verarbeitenden Produkte abzulaufen, um die Schwachstellen zu entdecken.

Vorratsschutzkonzept und Hygieneanforderungen

Für die Entwicklung eines Vorratsschutzkonzepts werden im ersten Schritt alle Parameter gesammelt. Hierzu gehören der Aufbau der Räume (Grundrisse), Temperaturen über das Jahr und eine Übersicht, welche Produkte wo und wie lange gelagert werden. Wo traten wann Probleme auf, und welche Maßnahmen wurden bereits ergriffen? Wer sind die Ansprechpartner und wann sind Begehungen bzw. Bekämpfungen möglich? Gibt es Zeiten für Betriebsschließungen? Wichtig ist hierbei, möglichst alle verantwortlichen Personen einzubeziehen, damit die zukünftigen Ansprechpartner bekannt sind.

Entsprechend der EG-Verordnung 852/2004 über Lebensmittelhygiene und der nationalen Lebensmittelhygieneverordnung (LMHV) müssen alle Maßnahmen dokumentiert werden. Detaillierte Anforderungen für unterschiedliche Verabeitungsbereiche werden in sektorspezifischen „Leitlinien für gute Hygienepraxis" aufgeführt. Eine Übersicht über die bestehenden Leitlinien gibt der Lebensmittelverband Deutschland:

Leitlinien Hygienepraxis

Die kritischen Bereiche eines Betriebs müssen bekannt sein und die vorbeugenden Schritte protokolliert werden. Entsprechend kann und muss regelmäßig überprüft werden, ob sie noch zutreffen oder ob neue hinzugekommen sind. Die Räume der lebensmittelverarbeitenden Industrie unterliegen zusätzlich zur Guten Hygienepraxis den Grundsätzen der „Hazard Analysis of Critical Control Points" (HACCP), deren Anforderungen deutlich höher liegen. Dieses Konzept soll durch eine Gefahrenanalyse mit Risikobewertung und durch die Benennung von kritischen Kontrollpunkten mögliche Fehlerursachen schon prophylaktisch einschätzen und überwachen. Durch die Einrichtung von kritischen Grenzwerten werden diese Kontrollpunkte überwacht und bei Problemen Korrekturmaßnahmen ergriffen. Hier werden höchste Ansprüche an Hygiene und Schädlingsvermeidung gestellt. Die Betriebe sind gefordert, ein Eigenkontrollsystem nach den HACCP-Grundsätzen zu erstellen. Durch regelmäßige Evaluierung und Kontrollen wird überprüft, ob alle kritischen Kontrollpunkte Bestand haben oder ob neue eingefügt werden müssen. Alle Maßnahmen werden dokumentiert.

Schwachstellen bei der Reinigung

Bei einer Erstbegehung sollten Schwachstellen beim Schutz der Vorräte erfasst und protokolliert werden. Erforderliche Veränderungen müssen dokumentiert werden. Beim Ablaufen der verschiedenen Produktionsbereiche gilt es als Erstes zu klären, welche Besonderheiten die eingesetzten Maschinen besitzen. Handelt es sich um ältere, schwer zugängliche Maschinen oder sind alle Teile erreichbar und entsprechend gut zu reinigen? In den Maschinen sollte auf Insektenreste oder Spuren geachtet werden. Es muss immer hinterfragt werden, wie eine Änderung der Situation möglich ist, z. B. durch Anpassung der Reinigungsintervalle. Bei der Prüfung der Maschinen sollte überlegt werden, bei welchen Verarbeitungsschritten Schädlinge überleben können. Die Kontrolle des Betriebs sollte man entsprechend dieser Erkenntnis anpassen. Ein Problem stellen aber auch ungenutzte Maschinen dar, in denen sich Subtratreste befinden können, oder die Wege versperren, die Sicht auf Wände oder Produkte behindern und Nistplätze bieten.

Ein besonderes Augenmerk muss auf alle Ritzen und Spalten, defekte Kacheln, Hohlkehlen, Scheuerleisten etc. gerichtet werden. Diese Bereiche stellen ideale Verstecke und Rückzugsbereiche dar, sodass dort aufgrund der vorhandenen Nahrungsquellen im Betrieb eine

Brüchige Fliesen müssen erneuert werden, um keine Rückzugsorte für Schädlinge zu bieten.

ständige Insekten- oder Nagerpopulation gedeihen kann. Nicht genutzte Formen und andere Betriebsutensilien können durchgefroren oder erhitzt werden, um Schädlinge abzutöten. Danach sollten sie geschützt in entfernten Lagerräumen aufbewahrt werden.

Generell gilt es, horizontale Flächen zu vermeiden oder, wenn diese bereits vorhanden sind, sie im Blick zu behalten und für geeignete Reinigungsmaßnahmen zu sorgen. Das Personal für regelmäßige Reinigungsarbeiten sollte grundsätzlich großzügig eingeplant werden. Durch Grundreinigungen in vierwöchigem Abstand können die Ent-

Formen und Körbe sind regelmäßig auf Produktreste zu überprüfen, um eine Schädlingsentwicklung zu vermeiden.

Abflüsse müssen regelmäßig gereinigt werden.

wicklungszyklen der meisten Vorratsschädlinge unterbrochen werden.

Auch Abflüsse sollte man reinigen. Sie sind unbedingt in die Kontrollintervalle aufzunehmen, da es hier schnell zu Massenentwicklungen, z. B. von Schmetterlingsmücken (Psychodidae) oder Fruchtfliegen (Drosophilidae) kommen kann. Nach einer Feuchtreinigung ist immer trocken zu wischen, um Wasseransammlungen zu vermeiden.

Abdichtung der Räume

Als Problem stellt sich immer wieder die Abdichtung der Räume heraus. Fenster müssen durch insektendichte Gaze gesichert werden, um einen Zuflug von Insekten zu vermeiden – hierzu gehören auch oder besonders die Dachfenster. Da sie aufgrund der Höhe nicht einfach auf Dichtigkeit überprüft werden können, müssen hierfür Kontrollmaßnahmen eingerichtet werden.

Die maximal tolerierbare Maschenweite der Insektengaze hängt vom Schädlingsspektrum ab. Die meisten Vorratsschädlinge werden von einer Gaze von 0,5 mm Maschenweite abgehalten. Will man auch die Eilarven der Motten abhalten, darf die Maschenweite nicht mehr als 0,1 mm betragen. Dadurch nimmt der Durchlüftungseffekt ab, sodass sich eine Klimaanlage und dauerhaft geschlossene Fenster lohnen könnten.

Vor allem die Außentüren stellen – insbesondere bei unebenen Böden – die größte Gefahr für ein Eindringen von Schädlingen dar. Hier ist eine regelmäßige Überprüfung besonders wichtig. In allen Produktionsbereichen sollte auf ungemusterte Fußböden und die Abdichtung aller Fugen geachtet werden. Nur ein heller, ungemusterter Boden lässt das einfache Kontrollieren auf Schädlinge zu. Stehen Umbauten an, so sind auch Fragen des Vorratsschutzes zu berücksichtigen, da z. B. durch gegossene Rundkehlen (statt Scheuerleisten) und helle Fliesen, hängend verlegte Kabel oder die Vermeidung von Hohlräumen Probleme mit Vorratschädlingen vermieden werden können.

In den Lagerräumen gilt grundsätzlich, Paletten mindestens 60 cm weit von der Wand entfernt aufzustellen. Nur durch solche Inspektionsgänge

Undichte Türen ermöglichen Schädlingen die Zuwanderung.

kann schnell und einfach auf Insekten und Nagerspuren kontrolliert werden.

Wareneingang und Probennahme

Neu ins Lager kommende Rohstoffe sollten gründlich untersucht werden und einer Eingangsquarantäne unterliegen. Es müssen Rückstellmuster der Partien angelegt und insektensicher aufbewahrt werden. Hierfür sind nicht alle Behältnisse geeignet. Bei der Lagerung von Rückstellmustern in nicht insektendichten Gefäßen kann es schnell zu einer Abwanderung von Schädlingen und zu einer Kontamination des Betriebes kommen.

Bei der Anlieferung von in Kunststofffolie verpackten Vorräten sollte überprüft werden, ob diese nicht zu feucht sind und ob es zu Pilzbefall kommen kann. Für die Lagerung sollte immer gelten, dass das zuerst angelieferte Material auch zuerst verarbeitet wird (First in – first out!).

Falls es zu einem Befall mit Lebensmittelmotten gekommen ist, wandern die Larven gern in Verpackungsmaterial (insbesondere Wellpappe), um sich dort zu verpuppen. Daher sollte man kein Verpackungsmaterial direkt neben Vorräten platzieren. Es können sonst kontaminierte Packungen in den Handel gelangen.

Überwachung

Um Rückschlüsse auf die Gefährdung der unterschiedlichen Betriebsbereiche ziehen zu können, müssen die Temperaturen im Lager bzw. auch in anderen Betriebsbereichen gemessen werden. Hierfür sind besonders gut Minimax-Thermometer oder Datalogger geeignet. Die Temperatur ist auch wichtig, um Reinigungsstunden effektiv einplanen zu können, da sich Insekten bei höheren Temperaturen schneller als bei kühleren Temperaturen entwickeln.

Dem Monitoring kommt eine besondere Bedeutung zu. Es ist zum einen laut LMHV gefordert, bringt aber andererseits auch entscheidende Informationen, die ein zeitnahes Handeln ermögli-

Mäuseköderstation und Beispiel für ein Brett, das als Abstandshalter Probleme mit Produktansammlungen schafft

chen. Fallen sollten nicht schematisch aufgestellt werden, sondern großflächig und immer bestimmten Bereichen zugeordnet werden. Im Befallsfall können dann zusätzliche Fallen aufgebaut werden und es kann kleinteiliger gearbeitet werden. Eine Falle sollte im Exportbereich – direkt vor dem Versand – aufgestellt werden, damit sichergestellt wird, dass keine kontaminierte Ware ausgeliefert wird. Beim Aufstellen der Fallen sollte gelten: so viele Fallen wie nötig und so wenige wie möglich.

Notfallplan

Für den Fall eines Lagerbefalls durch Vorratsschädlinge sollte ein Notfallplan entwickelt werden. Was wird bei einem solchen Vorfall wann und in welcher Abfolge unternommen? Wer ist zuständig, was passiert mit den Produkten und zu deren Schutz? Es sollte z. B. über ausreichende Tiefkühlkapazitäten zur Entwesung oder über Kühlkapazitäten zum Schutz nachgedacht werden. Nach einer Entwesung gilt es einen Neubefall zu verhindern. Es kann sinnvoll sein, externe Auditoren zu beauftragen, da diese einen unabhängigen

Blick auf die Gegebenheiten werfen und Änderungsvorschläge machen können. Eine gute Kooperation zwischen Qualitätssicherung und Werkstatt sorgt dann für eine schnelle Umsetzung vorgeschlagener Maßnahmen.

Klare Zuständigkeiten sind besonders in der schwierigen Situation eines Schädlingsbefalls entscheidend. Um schnell und effektiv handeln zu können, sind Mitarbeiterschulungen und Fortbildungen Voraussetzung – sie werden auch nach der LMHV regelmäßig gefordert. Sie müssen dokumentiert werden, damit sie bei Nachfrage auch vorgelegt werden können.

Tipps

- Grundrisse aktuell halten
- Fliegengaze vor Fenstern
- UV-Lampen niemals an offenen Türen und Fenstern aufstellen – durch das UV-Licht werden Freilandinsekten angelockt
- grüne Trichterfallen einsetzen bei Nützlingseinsatz, denn gelbe Fallen sind attraktiv für Nützlinge
- in Trichterfallen Wasser mit Spülmittel einsetzen, keine Insektizide
- Mäuseköderstationen so fixieren, dass kein Schmutz hängen bleiben kann
- Begasungen mit Testinsekten überprüfen
- Verpackungen auf Insektendichtigkeit testen
- Auf Insektizid-Rückstände mit *Trichogramma* testen
- Wie nagen sich Insekten durch? Von innen nach außen!
- Privater Spind – Mitarbeiter-Sozialraum: Bei Lebensmittellagerung durch Mitarbeiter kann es zu einem Schädlingsbefall kommen, regelmäßige Kontrollen einplanen.

Fall 3: Tatort Groß- und Einzelhandel

Die Situation im Groß- und Einzelhandel gestaltet sich anders als in Produktion und Verarbeitung. Der Handel ist durch den steten Wechsel der Produkte und durch tägliche Veränderungen im Lagerbereich geprägt. Hier gilt es, den Überblick über die Lagerdauer zu behalten und darauf zu achten, dass bei einer chaotischen, also nicht nach Produktgruppen geordneten Lagerung kein wirklich chaotisches Lager entsteht.

Bedingungen im Einzelhandel

Im Handel wird viel Wert auf das Design der Verkaufsstellen gelegt. Leider werden bei der Einrichtung der Geschäfte aber kaum oder sehr selten Aspekte des Vorratsschutzes berücksichtigt. Dabei gäbe es hier das größte Potenzial, um späteren Problemen vorzubeugen. Die Regale sollten funktionaler gestaltet werden und den Schädlingen keine Verstecke bieten. Die Ansammlung von Produktresten darf nicht gefördert werden. Aus Gründen des Aussehens werden Regale zwar nach unten geschlossen, aber nicht abgedichtet, was die Kontrolle unter den Regalen erschwert. Auch hier wird dann leicht übersehen, dass ein größeres Schädlingsproblem entstehen kann. Es empfiehlt sich, regelmäßig die Reinigung auf Knien zu überprüfen! In der Regel endet die Reinigung am Regal und nicht darunter. Gerade im Bereich von Obst- und Gemüseregalen können somit leicht Probleme mit Fruchtfliegen (*Drosophila*) auftreten. Sie stellen in den Sommermonaten eins der größeren Probleme dar, da sie sich durch ihre schnelle Populationsentwicklung explosionsartig vermehren können. Herunter gefallenes Obst muss aufgehoben und entsorgt werden.

Produktreste zwischen den Paletten müssen zeitnah entfernt und Paletten mit Abstand zur Wand aufgestellt werden.

Hohe Lufttemperaturen

Problematisch ist im Einzelhandel besonders die Zeit von April bis Oktober, wenn am Abend Temperaturen von über 15 °C erreicht werden und Schädlinge zufliegen können. Hier gilt es, die stark bzw. schwach gefährdeten Produkte zu benennen und gezielt zu überwachen. Besonders wichtig ist es, die Temperaturen im Auge zu behalten. Je höher die Lagertemperaturen werden, desto schneller schreitet die Entwicklung der ungebetenen Gäste voran. Hier können schon wenige Grad Celsius entscheidend sein. Wenn möglich, sollte über eine Temperierung der Räume nachgedacht werden. Die Temperaturen sollten protokolliert werden, um einen Überblick über die Situation zu behalten. In den Kühlregalen ist diese Dokumentation durch die LMHV gefordert, ebenso die Dokumentation aller Maßnahmen, um eine nachteilige Beeinflussung der Lebensmittel zu vermeiden. Gemeint ist auch hier, dass kritische Kontrollpunkte benannt und kontrolliert werden müssen. Mittels eines sinnvollen Monitoring- und Hygieneprogramms können die Vorgaben erfüllt und Schutzmaßnahmen durchgeführt werden.

Reinigung

Wie auch in der Verarbeitung kommt den Reinigungsarbeiten besondere Bedeutung zu. Hier muss immer Personal eingeplant werden, und diese Maßnahmen sollten auch anhand des zu erstellenden Reinigungsplans kontrolliert werden. In den Sommermonaten sollten in kürzeren Abständen Grundreinigungen durchgeführt werden, um eine Schädlingsentwicklung zu unterbinden. Im Einzelhandel werden nicht immer externe Unternehmen für die Reinigung beauftragt, sodass den ausführenden Mitarbeitern hier eine besondere Ver-

Prallschutz an Hochregal, Ansammlung von Substratresten

antwortung zukommt. Neben der grundsätzlichen Auflage zur Fortbildung nach LMHV sollten die Mitarbeiterschulungen daher im Interesse der Betriebe sein, da nur geschultes Personal Schädlinge erkennen und zeitnah geeignete Maßnahmen ergreifen kann. Auch hier sollte ein Notfallplan entwickelt werden (s. S. 73) und allen Beteiligten bekannt sein. Für kurzfristige Maßnahmen stehen im Einzelhandel in der Regel Tiefkühlkapazitäten zur Verfügung.

Unverpackter Verkauf

Ein neues Geschäftsmodell stellen die „Unverpackt-Läden" dar. Das Konzept sieht vor, dass die Produkte im Ladenbereich selbst abgefüllt werden, also keine verpackten Produkte angeboten werden. Die Produkte werden in Kleincontainern angeboten. Hier muss besonders auf die Abdichtung der Gefäße geachtet werden. Der Lagerbereich ist hier besonders im Auge zu behalten, da hier relativ ungesicherte Großgebinde aufbewahrt werden. Die Lagerdauer ist in den Sommermonaten zu beachten.

Lagerbedingungen im Großlager

Die Lagerdauer ist im Großlager besonders in den Sommermonaten zu beachten. Hier kommt es in der Regel zur Lagerung von Großgebinden in Hochregalen. In den Hochregalen entsteht aufgrund der aufsteigenden Wärme ein Temperaturgradient. Besonders in den

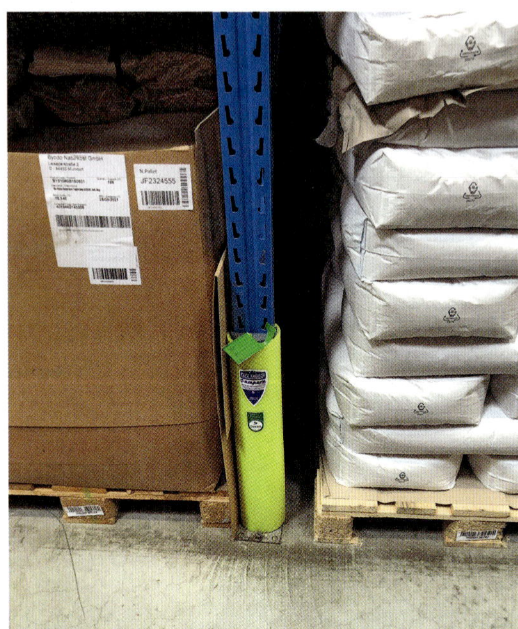

Prallschutz in besserer Ausführung, bei dem keine Substratansammlung möglich ist.

oberen Regalbereichen steigen die Temperaturen stark, und besonders misslich ist daher, dass gerade dort oft langzeitgelagerte Produkte aufbewahrt werden. Dort können sich besonders schnell Schädlinge entwickeln, und der Befall wird oft zu spät bemerkt. Es muss unbedingt eine Kontrolle über das Lagersystem installiert werden. Sinnvoll wäre eine Lagerung nach Produktgruppen, sodass kritische Waren im Auge behalten werden können.

First in – first out

Allerdings hat sich in vielen Großlagern die chaotische Lagerung durchgesetzt: Die Produkte bekommen einfach einen freien Lagerplatz zugewiesen. Hier ist eine gezielte, schnelle Kontrolle unmöglich, da immer das gesamte Lager abgelaufen werden muss. Daher muss auch auf ein gutes Monitoringsystem Wert gelegt werden, da sonst eine Kontrolle unmöglich ist. „First in – first out“ sollte auch hier oder gerade hier gelten, ist aber aufgrund verschiedener Anbieter nicht immer gewährleistet. Aus Platzgründen kommt leider auch der Grundsatz, Paletten mindestens 15 cm entfernt von der Wand aufzustellen, nicht immer zum Tragen. Ein weiteres Grundproblem schafft man sich durch Paletten, wenn sie dauerhaft benutzt werden und Schädlinge mit ihnen möglicherweise im gesamten Lager verteilt werden. Paletten müssen regelmäßig kontrolliert und ersetzt werden. Es sollten auch keine Holzpaletten eingesetzt werden, da sie schwer zu reinigen sind. Ein besonderer Schwachpunkt des Hochregallagers kann der Prallschutz an den Regalen sein. Hier wurden aber neue Regaltypen entwickelt, die eine Substratansammlung verhindern.

Produktreste in einem Lieferfahrzeug

Zugang von außen verhindern

Entscheidend ist in großen Lagern immer die Abdichtung nach außen. Hier muss sowohl auf Türen als auch auf Fenster geachtet werden.

Auch im Lagerbereich kommt der Mitarbeiterschulung besondere Bedeutung zu. Die Mitarbeiter sollten die Schädlinge kennen, um frühzeitig auf einen Befall aufmerksam machen zu können. Hier könnte man über ein „Wanted" nachdenken und eine Belohnung auf Schädlingssichtung aussetzen.

Einen weiteren Aspekt, der nicht zu vernachlässigen ist, bilden die Auslieferungsfahrzeuge der Betriebe. Auch sie fallen laut LMHV in die Aufsicht der Betriebe und müssen regelmäßig gereinigt und kontrolliert werden. In der Regel wird die Problematik der Lebensmittelhygiene nicht beim Fahrzeugbau berücksichtigt, sodass Substratansammlungen immer wieder auftreten können.

Besonders bei der Warenannahme muss auf einen Schädlingsbefall geprüft werden, aber auch auf Pilze. Daher sind Vorräte in Kunststofffolie zu prüfen, ob sie möglicherweise zu feucht transportiert wurden.

Oft stehen wegen der Lagerung von Tiefkühlware Tiefkühlkapazitäten für Notfallmaßnahmen bereit. Falls das nicht der Fall ist, sollte über die Einrichtung nachgedacht werden. Auch im Lagerbereich empfiehlt sich der Einsatz von externen Auditoren.

Der akute Fall: Notfallplan

Wenn es aber doch anfängt zu krabbeln im Lager oder auf dem Regal, wenn die Mottenlarven die Wände hinaufkriechen oder die Getreideoberfläche zuspinnen, dann heißt es schnell zu handeln. Schnell zu handeln funktioniert aber nur, wenn alle im voraus wissen, was zu tun ist.

- Wer sind die Ansprechpartner im Betrieb?
- Wer ist entscheidungsbefugt?
- Welcher Schädling tritt auf?
- Welche Produkte sind befallen?
- Wie kann die Ausbreitung unterbunden werden?
- Wo und wie können die Waren entwest werden?
- Wo kann ggf. eine Zwischenlagerung stattfinden?
- Welche eigenen Maßnahmen sind kurzfristig möglich (Tiefkühlkapazitäten)?
- Was wird gegen Wiederholung unternommen?
- HACCP-Konzept auf „critical points" überprüfen!

Daher ist es sinnvoll, sich im Voraus Gedanken zu machen, wer was wann und in welcher Reihenfolge unternimmt.

Klare Zuständigkeiten und Ansprechpartner müssen benannt werden. Jeder im Betrieb tätige Mitarbeiter muss wissen, wen er umgehend bei einer Schädlingssichtung informiert, und auch, wer dessen Vertretung ist. Hier muss auch die Kompetenz für kurzfristige Entscheidungen über die Abläufe liegen.

Das Wichtigste ist festzustellen, um welchen Schädling es sich handelt, damit die am besten geeignete Bekämpfungsmethode gewählt werden kann. Dann wird evaluiert, welcher Bereich in welchem Umfang befallen wurde. Hierfür ist der Aufbau von zusätzlichen Fallen unabdingbar. Unbeköderte Klebefallen sind hier durchaus sinnvoll, da sie die Aktivität der Schädlinge abbilden und Informationen über die Anzahl der auftretenden Tiere geben. Zusätzlich werden auch einige der Tiere gleich weggefangen.

Eine weitere Ausbreitung der Schädlinge muss unbedingt unterbunden werden, sei es durch Klebebarrieren an Regalen oder durch Kieselgur auf dem Boden. Befallenes Lagergut muss sofort fachgerecht entsorgt werden. Das einfache Herausfahren von Paletten und deren Lagerung in unmittelbarer Betriebsnähe reicht nicht aus. Bei einer gründlichen Sichtung der Lagerbestände muss weiterhin über die Handelsfähigkeit nachgedacht werden. Um die Schädlingsfreiheit des Lagerbestandes garantieren zu können, können die Produkte tiefgefroren oder druckentwest werden.

Maßnahmen zur Feststellung von Schädlingen:

- Fallen so platzieren, dass sie ohne große Maßnahmen kontrolliert werden können
- Wichtig: Mottenfallen nicht an zugigen Stellen aufhängen
- Brotformen ausklopfen in Bäckereien
- Schabenklebefallen benutzen für Käfer etc.
- Doppelklebeband an Regalen
- Kehrreste im Winter warm stellen, um lebende Vorratsschädlinge zu finden
- Mehl ausstreuen, um Laufspuren zu erkennen
- Mäuse- und Rattenkot sofort entfernen, um Neuen zu erkennen
- Nächtliche Begehung planen, da Schädlinge nachtaktiv!
- Spinnweben vor Mäuselöchern lassen oder Papier in Löcher stopfen, um lebenden Befall zu erkennen
- Abstand: Unterstes Regalbrett muss Einblick ermöglichen

Nach der Entwesung sind unbedingt geeignete Maßnahmen einzuführen, um einen Neubefall zu verhindern, z. B. durch Nützlingseinsatz. Bei einem Mottenbefall bieten sich Zwergwespen an, da auch nach dem Entfernen befallener Partien abgewanderte Larven in den Räumen verbleiben, sich zum Falter

Die Anbringung von Abstandshaltern gewährleistet den Abstand der Paletten zur Wand. Die Reinigung wird jedoch durch die falsche Materialwahl erschwert.

entwickeln und das Lager erneut kontaminieren können. Während einer Heißluftbehandlung können Hygiene-Schwachpunkte leicht erkannt werden, da die Schädlinge versuchen, aus diesen Bereichen abzuwandern. Diese Bereiche müssen vermerkt und nach der Entwesung im Reinigungsplan besonders berücksichtigt werden. Wenn Schwachpunkte auffallen, müssen sie in das Eigenkontrollsystem des Betriebs aufgenommen werden, sodass alle kritischen Punkte regelmäßig überprüft und angepasst werden können.

Insgesamt ist der Vorratsschutz ein stetiger Prozess: Wird der Betrieb mit Umsicht stets ein wenig verbessert, sind keine riesigen Probleme zu erwarten.

Vorratsschädlinge

Bestimmungshilfe für die häufigsten Vorratsschädlinge

Käfer – Körperlänge > 8 mm (groß)

Mehlkäfer
Länge: 15–20 mm
Körperbau: schwarzbrauner Käfer mit deutlichen Riefen auf den Deckflügeln
Larve: hellbrauner „Mehlwurm“ mit fester Haut und Hinterleibsdornen

Käfer – Körperlänge 1–5 mm (klein bis mittelgroß)

Gestalt rundlich-oval

Speisebohnenkäfer
Länge: 3–4,5 mm
Körperbau: Körper braun, birnenförmig, Hinterleib unvollständig von Flügeln bedeckt
Larve: im Samen verborgen

Tropische Bohnenkäfer
Länge: 2–4 mm
Körperbau: Körper birnenförmig, Hinterleib unvollständig von Flügeln bedeckt
Larve: im Samen verborgen

Kräuterdieb, Australischer und Gelbbrauner Diebkäfer
Länge: 3–5 mm
Körperbau: lange Gliedmaßen
Larve: meist in Kokon verborgen

Gestalt länglich-gestreckt

Kornkäfer (Mais- und Reiskäfer)
Länge: 3–5 mm
Körperbau: Kopf rüsselartig verlängert
Larve: im Samen verborgen

Amerikanischer und Rotbrauner Reismehlkäfer
Länge: 3–4 mm
Körperbau: Fühler kurz und leicht gekeult
Larve: langgestreckt und mobil, mit Hinterleibsdornen

Getreidekapuziner
Länge: 3–4 mm
Körperbau: Flügeldecken hinten abrupt abfallend
Larve: verborgene Lebensweise

Getreideplattkäfer
Länge: 2,5–3 mm
Körperbau: sehr schmal und flach mit langen Fühlern, Halsschild seitlich gezackt
Larve: langgestreckt, hellbraun

Rotbrauner Leistenkopfplattkäfer
Länge: 1,5–2,5 mm
Körperbau: sehr schmal mit langen Fühlern, Halsschild trapezförmig
Larve: langgestreckt, mit Hinterleibsdornen

Gestalt länglich oval

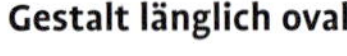

Brotkäfer (Tabakkäfer)
Länge: 2–3 mm
Körperbau: Kopf nach unten verdeckt
Larve: im Substrat verborgen

Berlinkäfer
Länge: 2–4 mm
Körperbau: braun gezeichnet
Larve: stark behaart mit Borstenbüschel

Moderkäfer
Länge: 0,8–3 mm
Längs gepunktete Flügeldecken
Larve: weiß mit braunem Kopf

Motten

Körperlänge 8–14 mm (groß)

Mehlmotte
Länge: 10–14 mm
Körperbau: grau mit gezackten Bändern
Larve: Raupe mit schwarzen Punkten

Speichermotte
Länge: 8–10 mm
Körperbau: graubraun, innerer Flügelbereich hell
Larve: Raupe mit dunklen Punkten

Tropische Speichermotte
Länge: 8–10 mm
Körperbau: graubraun, undeutlich gezeichnet
Larve: Raupe mit dunklen Punkten

Körperlänge 5–11 mm (kleiner)

Dörrobstmotte
Länge: 8–11 mm
Körperbau: Flügelfärbung cremefarben und kupferrot mit dunkelgrauer Querlinie
Larve: Raupe ohne Punkte

Kornmotte
Länge: 6–7 mm
Körperbau: grauweiß-dunkelbraun gefleckt, mit leichtem Fransensaum an den Flügeln
Larve: blassgelbe Raupe

Getreidemotte
Familie Palpenmotten
Länge: 5–8 mm
Körperbau: gelbbraun, mit deutlichem Fransensaum an den Flügeln
Larve: im Samen verborgene Raupe

Kleinstlebewesen

Mehlmilben
Merkmale: heller, beweglicher „Staub“, süßlich verdorbener Geruch an überlagerten und feuchten Getreideprodukten

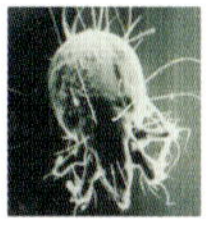

Modermilben
Merkmale: heller, beweglicher „Staub“, süßlich-verdorbener Geruch an fett- und eiweißreichen Produkten

Staubläuse, Bücherläuse, Lausflechtlinge
verschiedene Arten
Länge: 1–2 mm
Körperbau: sich bewegendes, mit Lupe erkennbares Insekt, bräunlich, lange Fühler

Nager

Wanderratte
Länge ohne Schwanz: 18–25 cm,
Kotbällchen: 8–20 mm lang
Nagespuren mit Zahnabstand 4 mm
Schmierspuren an Wegen

Hausmaus
Länge ohne Schwanz: 7–11 cm
Kotpillen: 3–5 mm lang
Nagespuren mit Zahnabstand 2 mm

Pilzschäden

Schmachtkörner
Merkmale: Weiße, grüne, braune oder schwarze Pilzbeläge

Käfer (Coleoptera)

Der Rotbraune Leistenkopfplattkäfer und seine langgestreckte Larve mit Hinterleibsdornen

Rotbrauner Leistenkopfplattkäfer

Cryptolestes ferrugineus (STEPHENS)
Familie Halsplattkäfer (Laemophloeidae)

Merkmale Käfer
- flacher, taillierter Körper
- lange Fühler
- Länge etwa 2 mm

Merkmale Larve
- weiß mit brauner Kopfkapsel
- braune Hinterleibsdornen
- Länge bis 4 mm

Nahrung
- Getreide (ganz und zerkleinert), Getreideprodukte
- Trockenfrüchte, Nüsse, Ölfrüchte

Diese glänzenden, mahagonibraunen Käfer wirken mit ihrer verengten Taille und den relativ langen Fühlern wie kleine Ameisen. Die Fühler überragen die Hälfte der Körperlänge beim Männchen. Beim Weibchen sind sie etwas kürzer. Der Halsschild ist trapezförmig nach vorn verbreitert, was die Käfer vom Getreideplattkäfer unterscheidet. Beim Laufen schwenken die Leistenkopfplattkäfer den Kopf seitlich hin und her und bewegen fortwährend ihre Fühler. Die gelblich weißen, abgeflachten Larven leben frei in den Vorräten.

Lebensweise. Die Weibchen legen 100 bis 400 Eier einzeln in die Vorräte. Die weiße Puppe bildet sich nach mehrfacher Häutung der Larve in einem Kokon, der häufig in der Nähe des Keimlings eines Getreidekorns aus verklebten Nahrungsteilchen gesponnen wird. Die Gesamtentwicklung vom Ei bis zum Käfer dauert im Sommer drei bis fünf Wochen und verlängert sich bei niedrigen Temperaturen bis auf zwölf Wochen. Die ausgewachsenen Käfer leben mehrere Monate. Bei Massenbefall bewirken die erhöhten Getreidetemperaturen eine Verkürzung der Entwicklungsdauer und die Population steigt explosionsartig an.

Leistenkopfplattkäfer sind kältehart, aber wenig tolerant gegenüber Trockenheit. Sie überleben den Winter auch unter Baumrinden im Freiland.

Entwicklungsbedingungen
- kältehart
- über 50 % rel. Luftfeuchte

Schadbild. Leistenkopfplattkäfer befallen zunächst hauptsächlich den Keimling und fressen an beschädigten Körnern. Befallsherde sind an Festlagerungen und Verklumpungen erkennbar. Leistenkopfplattkäfer halten sich meist in mehr als 50 cm Tiefe auf und sind vornehmlich abends aktiv. Sie fliegen bei Temperaturen ab 21 °C.

Schädlingsfrüherkennung
- Becherfallen (Unterscheidung zum Getreideplattkäfer möglich, der in diesen Fallen nicht erfasst wird)
- Klebefallen
- Stechfallen
- Festlagerungen im Getreide

Bedeutung. Käfer und Larven treten häufig in Getreidelagern schädigend auf, seltener in Verarbeitungsräumen. Sie sind sowohl Primärschädling als auch Folge des Befalls mit anderen Insekten. Die Beschädigung des Keimlings vermindert die Mehlqualität und die Keimfähigkeit. Verklumpungen können zu Schwierigkeiten und hohem Arbeitsaufwand bei der Förderung des Getreides führen.

Ähnliche Arten. Der Kleine (*C. pusillus*) und der Türkische Leistenkopfplattkäfer (*C. turcicus*) sind nur unter dem Mikroskop, zum Beispiel anhand ihrer Fühlerlänge und der Form ihres Oberkieferrands, unterscheidbar. Die Regulierungsmaßnahmen entsprechen denen beim Rotbraunen Leistenkopfplattkäfer.

Regulierungsstrategien

Vorbeugende Maßnahmen
- Absenken der Temperatur unter 10 °C
- Annahmeausschluss befallener Ware
- gründliche Reinigung der Lagerstellen vor Neueinlagerung

Biologische Maßnahmen
- Leistenkopfplattkäfer-Wespchen (*Cephalonomia waterstoni*) gegen Larven

Direkte Bekämpfungsmaßnahmen
- sofortiges Kühlen, um Massenbefall zu vermeiden
- besonders empfindlich gegenüber Kieselgur
- Reinigung des Getreides zur Verringerung des Befalls
- eventuell Leerraumbehandlung vor Neueinlagerung

Der Getreideplattkäfer und seine Larven gehören zu den bedeutendsten Getreideschädlingen.

Getreideplattkäfer

Oryzaephilus surinamensis (L.)
Familie: Raubplattkäfer (Silvanidae)

Merkmale Käfer
- sehr flach, lange Fühler
- Halsschild oval, gezahnt
- Länge: 2,5–3 mm

Merkmale Larve
- gelblich weiß durchscheinend
- Brustbeine und brauner Kopf
- Länge: bis 5 mm

Nahrung
- Getreide, zerkleinertes Getreide
- seltener Getreideprodukte, Nüsse, Ölsaaten, Trockenfrüchte

Diese glänzend schwarz- bis mahagonibraunen Käfer ähneln kleinen Ameisen. Die fadenförmig gestreckten Fühler bestehen aus elf Fühlergliedern und haben eine gering vergrößerte Endkeule. Beim Weibchen sind sie etwas kürzer. Im Laufen schwenken die Käfer den Kopf fortwährend hin und her, wobei sich ihre Fühler ständig bewegen. Sie fliegen nur selten. Durch die Form und Zahnung ihres Halsschilds unterscheiden sie sich von den ähnlichen Leistenkopfplattkäfern.

Die Larven besitzen sechs Beine in der vorderen Körperhälfte und kurze Fühler. Die cremeweiße Puppe liegt frei oder in einem Kokon aus verklebten Nahrungsteilen.

Lebensweise. Die Weibchen legen 150 bis 380 Eier einzeln in die Vorräte. Sie entwickeln sich innerhalb von drei bis zwölf Wochen zum adulten Käfer, der mehrere Monate lang leben kann. Bei Massenbefall beschleunigen die erhöhten Getreidetemperaturen die Entwicklung, und die Population kann um das 50-fache innerhalb eines Monats steigen!

Getreideplattkäfer sind innerhalb des Lagerguts vor den meist kühleren Außentemperaturen geschützt und können Minusgrade bis zu vier Tage lang überleben. Daher können sie in unbeheizten Lagern überwintern. In Futtermühlen sind besonders Bereiche mit Außenluftzirkulation und gemischten Rückständen gefährdet, zum Beispiel der Eingangs- und Verladebereich. Belüftungskühlung der Getreideschüttung von unten her führt zu einer Anreicherung von Wärme und Feuchtigkeit in den oberen Getreideschichten und fördert die Bildung von Befallsnestern nahe der Oberfläche des Lagergetreides.

Entwicklungsbedingungen
- 18–37 °C (wärmeliebend)
- 10–90 % rel. Luftfeuchte
- Minusgrade über mehrere Tage sind tödlich

Schadbild. Käfer und Larven befallen zunächst hauptsächlich den Keimling und fressen an beschädigten Körnern. Sie halten sich meist nah unter der Oberfläche der Vorräte auf. Durch ihre geringe Größe können sie in viele verpackte Produkte oder durch Nussschalen in den Kern vordringen, sofern die Poren einen Durchmesser von 0,25 Millimeter haben (zugänglich für die winzigen Eilarven). Sie können Verpackungsfolien jedoch nicht beschädigen.

Schädlingsfrüherkennung
- Stechfallen
- Temperaturmessung im Schüttgut
- Fraßköderfallen und Klebefallen im Leeraum

Bedeutung. Der Getreideplattkäfer gehört zu den bedeutendsten Getreideschädlingen in der Lagerung und Verarbeitung. In Wohnungen wird er im Schutz von Falzverpackungen eingeschleppt. Der Befall führt zwar nur zu geringen Massenverlusten, aber es entstehen warme, feuchte Befallsherde mit Pilzbefall sowie Verunreinigungen. Die Beschädigung des Keimlings vermindert die Mehlqualität und die Keimfähigkeit.

Ähnliche Art. Der Erdnussplattkäfer hat einen schmaleren Halsschild und ist nur unter dem Mikroskop vom Getreideplattkäfer zu unterscheiden. Für die wärmeliebende Art, die in Importwaren und an warmen Verarbeitungsorten auftritt, gelten die gleichen Regulierungsmaßnahmen.

Regulierungsstrategien

Vorbeugende Maßnahmen
- sofortiges Handeln und Kühlung, um Massenbefall zu vermeiden
- Absenken der Temperatur unter 10 °C verlangsamt die Populationsentwicklung
- gleichmäßige Be- und Entlüftung zur Vermeidung von Wärmenestern

Biologische Maßnahmen
- Getreideplattkäfer-Wespchen im Leerraum oder Schüttgut
- Lagerpirat gegen Restpopulationen

Direkte Bekämpfung
- Reinigung des Getreides
- Einmischen von Kieselgur oder Kontaktinsektiziden in die gesamte Getreidepartie
- Begasungsverfahren

Der Brotkäfer (links), der seltenere Tabakkäfer (Mitte) und die meist versteckt lebende Brotkäferlarve (rechts)

Brotkäfer

Stegobium paniceum (L.)
Familie: Dieb- und Nagekäfer (Ptinidae)

Merkmale Käfer
- rehbraun, schimmernd
- Kopf nach unten gerichtet
- Länge: 2–3 mm

Merkmale Larve
- weiß mit brauner Kopfkapsel
- stark behaart
- Länge: bis 5 mm

Nahrung
- trockene Back- und Teigwaren
- Lagergetreide
- getrocknete Pflanzen, Tee, Gewürze, Kakao

Brotkäfer sind 2 bis 3 mm lang, von ovaler Körperform und mit einem in Aufsicht unter dem kapuzenartig verbreiterten Halsschild verborgenen Kopf. Der etwas breitere, scharf gerandete Halsschild hebt sich vom Körper ab. Die Fühler sind an drei Gliedern verdickt. Die Käfer laufen schnell und können auch an glatten Materialien emporklettern und fliegen.

Die Larven sind an den Haaren oft stark mit Staub und Mehl bedeckt. Die Junglarven sind lichtscheu, sehr mobil und werden später träger. Sie fressen meist im Innern beschädigter Produkte kleine Höhlen aus. Sie haben drei Beinpaare und einen Nachschieber, die zu einer schnellen Fortbewegung verhelfen.

Lebensweise. Die Weibchen des Brotkäfers legen über drei Wochen hinweg bis zu 100 weißliche Eier einzeln verstreut im Lagergut oder an dunklen Stellen ab. Danach sind sie häufig an Fenstern und Wänden anzutreffen. Die Larven fertigen aus Speichel und Nahrungsteilchen einen Kokon an, den sie oft an Verpackungsmaterialien anheften. Darin häuten und verpuppen sie sich und die ausgereiften Käfer schlüpfen erst nach etwa zwölf Tagen Ruhezeit. Die Käfer nehmen keine Nahrung zu sich. Es können sich bis zu zwei Generationen im Jahr entwickeln.

Entwicklungsbedingungen

- 15–35 °C
- > 35 % rel. Luftfeuchte
- unter −14 °C sind tödlich

Schadbild. Kokons und tote Käfer, runde Fraßlöcher mit Fraßmehl sowie Bohrlöcher in Verpackungen sind erste Anzeichen für einen Befall, der auch mit Fallen überwacht werden kann.

Schädlingsfrüherkennung

- UV-Lichtfallen, Klebefallen an Lichtquellen

Bedeutung. Brotkäfer treten in der Verarbeitung auf und sind seltener in meist kühlen Lagerräumen, und sind zudem weit verbreitete Haushaltsschädlinge. Sie verursachen häufig teure Schäden an wertvollen Produkten wie Gewürzen und verpackten Lebensmitteln durch Verunreinigung, Gespinstverklebung und durch die Fraßtätigkeit der Larven. Die Larven können auch Verpackungsmaterialien durchbohren und in Poren ab 0,15 mm Durchmesser eindringen.

Durch Brotkäfer ausgehöhlte Kamillenblüten

Seitenansicht des Brotkäfers mit seinem nach unten gerichteten Kopf

Ähnliche Art. Der kompakte Tabakkäfer hat eine ovale Körperform. Er kommt nur in beheizten Räumen vor, befällt aber sogar Tabak und kann mit artspezifischen Pheromonfallen überwacht werden.

Regulierungsstrategien

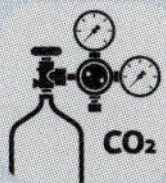

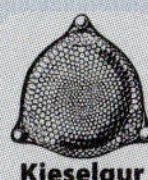

Vorbeugende Maßnahmen

- Absenken der Temperatur unter 10 °C
- Wahl widerstandsfähigen Verpackungsmaterials. So konnten Brotkäfer in einem Versuch acht verschiedene Verpackungsfolien durchbohren. Widerstandsfähig blieben Polyester (0,05 mm stark) und Polypropylen (0,03 mm stark).

Biologische Maßnahmen

- Lager-Erzwespe oder Maiskäfer-Erzwespe (*Anisopteromalus calandrae*)
- Lagerpirat

Direkte Bekämpfung

- Begasungsverfahren
- Kieselgur (im gesamten Schüttgut verteilen)

Der Berlinkäfer weist eine mehrfarbige Zeichnung der Flügeldecken auf. Die Larve trägt typische Borsten und Pfeilhaare.

Berlinkäfer

Trogoderma angustum (Sol.)
Familie: Speckkäfer (Dermestidae)

Merkmale Käfer
- gelbbraun-weiße Querbinden
- Fühlerenden graduell verdickt
- Länge: 2–4 mm

Merkmale Larve
- borstige Behaarung
- Pfeilhaarbüschel am Hinterleib
- Länge: bis 5 mm

Nahrung
- Getreide, Getreideprodukte, Ölfrüchte
- seltener Hülsenfrüchte, Drogen
- tierische Produkte

Die langovalen Berlinkäfer haben kurze Fühler und gelblich braune Beine. Flügeldecken und Halsschild sind durch eine mehrfarbige pelzige Behaarung gezeichnet. Männchen sind deutlich kleiner und schlanker als Weibchen.

Die gelblich weißen bis braunen Larven der Speckkäfer charakterisiert ihre Behaarung mit sowohl kürzeren als auch langen Haaren sowie den mit Widerhaken versehenen Pfeilhaaren, die zur Abwehr von Fressfeinden eingesetzt werden. Sie besitzen sechs Beine im Brustbereich und einen undeutlich abgesetzten Kopf.

Lebensweise. Die wärmeliebenden und trockenresistenten Käfer treten vor allem in der Verarbeitung, in warmen Lagerstätten und in Wohnungen sowie Museen auf. Die Larven werden mit Verpackungsmaterialien verschleppt, an denen sie mit den Widerhaken ihrer Borsten hängenbleiben.

Das Weibchen legt 30 bis 80 Eier lose in die Produkte ab, aus denen innerhalb von zwei Wochen Larven schlüpfen. Ungünstige Bedingungen wie winterliche Temperaturen überstehen die Larven in einem Ruhestadium (Diapause), in dem sie neun Monate ohne Nahrung und bis zu sechs Jahre unter gelegentlicher Nahrungsaufnahme überstehen können. In diesen Zeiten sind sie inaktiv und ihre Atmung ist herabgesetzt. Da ihr Auffinden und ihre Bekämpfung in diesem Stadium stark erschwert ist, müssen sie zunächst durch starke Temperaturschwankungen und ein frisches Nahrungsangebot „geweckt" werden.

Nach mehreren Häutungen verpuppen sich die Larven wenige Tage lang. Erwachsene Berlinkäfer ernähren sich im Freiland von Blüten und entwickeln sich ohne Diapause innerhalb von zwei bis vier Monaten vom Ei zum Käfer.

Entwicklungsbedingungen
- ab 10 °C

Schadbild. Berlinkäfer zählen zu den wenigen Speckkäferarten, die sich ausschließlich von pflanzlichen Produkten ernähren können. Sie nehmen aber auch Produkte tierischer Herkunft wie Fischmehl, Tiernahrung oder Wolle an. Junge Larvenstadien können nur zerkleinerte oder beschädigte Getreidekörner befallen. Mit zunehmender Entwicklung sind sie aber in der Lage, intakte Körner anzufressen. Da sich die Käfer meist versteckt in der Tiefe der Waren aufhalten, sind hinterlassene haarige Larvenhäute meist erste Befallsanzeichen.

Bedeutung. Die Larven verderben Lebensmittel durch ihren Fraß, Verunreinigungen durch Kot und Larvenhäute sowie Beschädigung von Verpackungsmaterialien wie Plastikfolien. Sie können 25 bis 70 % der Vorräte fressen. Der Kontakt mit Speckkäfern und den Pfeilhaaren der Larven kann allergische Reaktionen auslösen.

Ähnliche Arten. Der gelegentlich eingeschleppte Khaprakäfer (*T. granarium*) unterscheidet sich durch seine etwas kompaktere ovale Körperform. Er galt früher als Quarantäneschädling. Echte Speckkäfer der verwandten Gattung *Dermestes* sind größer, und ihre Larven tragen zwei dornartige Fortsätze statt des Borstenbüschels am Hinterleibsende.

Regulierungsstrategien

Vorbeugende Maßnahmen
- Kühle Lagerung bei unter 10 °C hemmt die Entwicklung.
- Versiegelung von Fugen
- regelmäßiges Überprüfen von Mause- und Fliegenfallen

Biologische Maßnahmen
- Der Lagerpirat frisst Eier der Berlinkäfer.
- Das Speckkäferwespchen lähmt und parasitiert die Larven verschiedener *Trogoderma*-Arten sowie die der verwandten *Anthrenus*-Arten. Für Berlinkäfer ist sein Gift zu 100 % tödlich.

Direkte Bekämpfung
- Die diapausierende Larve muss zuerst aus ihrem Ruhestadium geweckt werden, um gegenüber der Bekämpfung sensibel zu werden.
- intensive Reinigung und Entfernen/Behandeln aller gefährdeten Materialien, einschließlich Textilien
- Kieselgur, Kälte- oder Hitzebehandlung, Begasung

In Deutschland treten meist der Amerikanische Reismehlkäfer (links) und der Rotbraune Reismehlkäfer (Mitte) als Schädlinge auf. Rechts: Reismehlkäferlarve.

Amerikanischer und Rotbrauner Reismehlkäfer

Tribolium confusum Jacquelin du Val.
Tribolium castaneum (Herbst)
Familie: Schwarzkäfer (Tenebrionidae)

Merkmale Käfer
- lang gestreckter Hinterleib
- Fühlerenden leicht verdickt
- Länge: 3–4 mm

Merkmale Larve
- weiß-bräunlich mit Brustbeinen
- zwei dunkle Hinterleibsdornen
- Länge: 6–8 mm

Nahrung
- zerkleinertes Getreide, Getreideerzeugnisse
- seltener andere Produkte

Die flachen Käfer sind glänzend rotbraun gefärbt. Der flugunfähige Amerikanische Reismehlkäfer trägt mit der Lupe erkennbare Längsrillen auf den Flügeldecken, und seine Fühler sind zum Ende hin graduell verdickt. Beim Rotbraunen Reismehlkäfer sind nur die letzten drei Fühlerglieder abrupt verdickt, und er kann fliegen. Sie treten selten gemeinsam auf und sind ohne Mikroskop nicht unterscheidbar.

Die Larven sind hellbraun, haben einen dunklen Kopf und kurze Fühler, eine feine Behaarung und zwei kurze, dunkle Spitzen am Hinterleibsende. Sie bewegen sich frei im Vorratsgut, sind jedoch meist gut versteckt.

Lebensweise. Das Weibchen legt bis zu 1000 mikroskopisch kleine Eier, aus denen nach drei bis 14 Tagen die Larven schlüpfen. Diese bohren sich in beschädigte Getreidekörner ein oder wühlen sich in das Mahlgut. Nach ein bis drei Monaten schlüpfen die Käfer, die bis zu einem Jahr leben können. Sie fressen neben Vorräten auch morsches Holz und Insekten. Die wärmeliebenden Käfer treten besonders in den Sommermonaten in großer Anzahl auf.

Laufspuren von Reismehlkäfern in Mehl

Entwicklungsbedingungen
- 20–40 °C
- tödlich wirken dauerhaft <7 °C oder für einen Tag <0 °C

Schadbild. Die Käfer sind typisch für Mühlen und andere Verarbeitungsbetriebe, wo sie versteckt innerhalb der Maschinen oder in nicht ablaufenden Mehlresten überdauern. Lager von ganzen Körnern werden seltener und hauptsächlich durch Rotbraune Reismehlkäfer befallen. Im Mehlstaub hinterlassen die Käfer typische Laufspuren. In den Produkten zeigen sich bei hohem Befall tunnelartige Gänge. Stark befallenes Mehl verfärbt sich rosa, die Waren nehmen einen stechenden Geruch an.

Schädlingsfrüherkennung
- Fallen mit Fraßlockstoffen oder Pheromonen, z.B. Dometrap, Lagermonitor
- Becherfallen

Bedeutung. Reismehlkäfer sind gefürchtete Schädlinge der Nahrungsmittelindustrie. Neben Getreideprodukten befallen sie seltener auch Hülsenfrüchte, Sämereien, Kakao, Trocken- und Ölfrüchte. Durch schnelle Vermehrungsraten bei höheren Temperaturen können sie zu hohen Masseverlusten führen. Schlimmer wirkt sich die Absonderung eines Chinons aus, das zu Verderb durch geruchliche und geschmackliche Beeinträchtigung führt und in seiner gesundheitlichen Wirkung umstritten ist. Reismehlkäfer können sich auch als Überträger des Rattenbandwurms gesundheitsschädlich auswirken.

Ähnliche Arten. Der Große (*T. destructor*) und der Schwarze Reismehlkäfer (*T. madens*) erreichen 4 bis 6 mm Länge, sie treten seltener auf.

Regulierungsstrategien

Vorbeugende Maßnahmen
- Reinigung der Betriebsräume und Maschinen und Behandlung von Leerräumen und Nischen spielen gegen Reismehlkäfer eine besondere Rolle.
- gekühlte Lagerung
- Wahl widerstandsfähiger Verpackungsmaterialien, kein Polyethylen, Cellulosehydrat oder Celluloseacetat

Biologische Maßnahmen
- Der Lagerpirat unterdrückt die Ausbreitung verschiedener Reismehlkäferarten.
- Reismehlkäfer-Wespchen (*Holepyris sylvanidis*) gegen Amerikanischen Reismehlkäfer (z. Zt. nicht kommerziell verfügbar)

Direkte Bekämpfung
- Kieselguranwendung
- Anwendung von Prallmaschinen
- Beim Mahlen von befallenem Korn werden Eier zerstört.
- Sieben befallenen Mehls auf 0,21 Millimeter

Der Getreidekapuziner (links) bohrt sich in Getreidekörner und andere Produkte und höhlt sie aus (rechts Larve an Weizen).

Getreidekapuziner

Rhyzopertha dominica (F.)
Familie: Bohrkäfer (Bostrichidae)

Merkmale Käfer
- kapuzenförmiger Halsschild
- Flügeldecken fallen hinten steil ab.
- Länge: 3–4 mm

Merkmale Larve
- weiß mit braunem Kopf
- zunehmend gekrümmte Haltung
- Länge: bis zu 3 mm

Nahrung
- hauptsächlich Getreide
- seltener Saatgut, Trockenfrüchte
- pflanzliche Materialien, Papier

Die Käfer sind matt glänzend, mahagonibraun bis schwarzbraun gefärbt. Der Körper ist von zylindrischer Form, der Kopf nach unten gerichtet, und die Flügeldecken fallen hinten abrupt ab. Der Halsschild hat eine gezahnte Oberflächenstruktur, die drei Endsegmente der Fühler sind verdickt. Die Käfer sind flugfähig und dämmerungsaktiv.

Die Larve hält sich meist im Samen auf und verpuppt sich innerhalb des ausgefressenen Korns. Sie hat sechs Brustbeine, mit zunehmendem Alter wird sie jedoch immobiler.

Lebensweise. Getreidekapuziner sind weltweit in warmen Regionen verbreitet. Weibchen legen 200 bis 500 Eier lose in das Nahrungssubstrat. Die Entwicklung vom Ei zum ausgewachsenen Käfer dauert drei Monate. Die Käfer leben vier bis acht Monate lang. Sie halten sich besonders in tieferen Schichten des Lagergutes auf. Sie fliegen ab 20 °C in der Dämmerung, um neue Nahrungsquellen zu suchen. Da sie sich dabei an Pheromonen anderer männlicher Käfer orientieren, bilden sich größere Ansammlungen an einem Ort, während andere Lager nicht befallen sind. Sie vermeiden Produkte, in denen bereits Rüsselkäfer auftreten.

Entwicklungsbedingungen
- wärmeliebend, > 18 °C
- ab 9 % Kornfeuchte
- sterben bei über 55 °C

Schadbild. Charakteristisch für die Bohrkäfer sind die Tunnel und unregelmäßig geformten Löcher, die sie in die Lagergüter bohren, sowie das hinterlassene Fraßmehl. Befallene Produkte können einen süßlichen Geruch annehmen. Die Käfer sind in der Lage verschiedene Folienmaterialien zu durchbohren, Eilarven können durch Poren ab 0,12 Millimeter eindringen.

Schädlingsfrüherkennung
- kaum durch Probesiebungen zu entdecken oder durch Reinigung zu erfassen
- Becherfallen, Überwachung der Temperatur und CO_2-Konzentration
- Stechfallen
- Pheromonfallen locken Käfer auf Nahrungssuche.

Der Halsschild des Getreidekapuziners verdeckt den nach unten gerichteten Kopf.

Bedeutung. Durch ihre hohen Wärmeansprüche treten Getreidekapuziner in Deutschland nur vereinzelt auf, werden aber häufiger. Sie werden mit Importen eingeschleppt und können sich in beheizten Räumen vermehren. Sie befallen auch unbeschädigtes Getreide unter trockenen Lagerbedingungen und können zu Masseverlusten von bis zu 40 Prozent führen. Sie können sich auch in Hülsenfrüchte, Gewürze, Kakao- und Kaffebohnen einbohren, von denen sie sich aber nicht ernähren.

Ähnliche Art. Der Große Kornbohrer (*P. truncatus*) ist eine wärmeliebende Art, die eher in Importware auftritt. Er ist ein Quarantäneschädling in europäischen Maisanbauregionen. Die Enden seiner Flügeldecken sind fast eckig.

Regulierungsstrategien

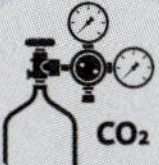

Vorbeugende Maßnahmen
- akribische Inspektion gefährdeter Importware
- Absenken der Raumtemperaturen unter 18 °C

Biologische Maßnahmen
- Der Lagerpirat tötet alle Entwicklungsstadien der Bohrkäfer.
- Die Elegante Fühler-Erzwespe (*Theocolax elegans*) gilt als effektiv im Einsatz gegen Getreidekapuziner (circa 60 bis 80 % Populationsunterdrückung)

Direkte Bekämpfung
- Durch ihre versteckte Lebensweise sind Bohrkäfer relativ tolerant gegenüber Kieselgur.
- Erschütterungen zum Beispiel durch pneumatische Förderanlagen können die Population um 90 % reduzieren.
- Hitzebehandlungen
- Begasung mit inerten oder synthetischen Gasen.

Der heimische Kornkäfer (links) und der eher in Importen anzutreffende Maiskäfer (Mitte). Rechts: Larve des Maiskäfers in ausgehöhltem Weizenkorn.

Kornkäfer

Sitophilus granarius (L.)
Familie: Rüsselkäfer (Dryophthoridae)

Merkmale Käfer
- rüsselförmig verlängerter Kopf
- angewinkelte Fühler
- Länge 3–5 mm

Merkmale Larve
- weiß und beinlos
- braune Kopfkapsel
- Länge bis 3 mm

Nahrung
- ganzkörniges Getreide, Mais, Teigwaren
- Fraß ohne Vermehrung an weiteren Produkten

Durch zusammengewachsene Deckflügel ist der Kornkäfer flugunfähig, aber ein guter Läufer. Er ist einheitlich schwarzbraun gefärbt und hat Grübchen auf dem Brustpanzer und den Deckflügeln, wo sie in Reihen angeordnet sind. Die Eier, Larven und Puppen der Rüsselkäfer findet man in der Regel nur innerhalb des Korns.

Lebensweise. Ein Kornkäferweibchen legt je ein Ei in ein Getreidekorn, etwa ein Ei pro Tag. Maiskörner werden auch mehrfach belegt. Es verschließt den Eiablagekanal mit einem wachsartigen Sekret, das die Eier und Eilarven vor Austrocknung und Räubern oder Parasitoiden schützt. Die Larve schlüpft und frisst im Inneren des Korns, bis sie sich nach mehreren Häutungen und Larvenstadien verpuppt. Je nach Temperatur, Feuchte und Futterqualität dauert diese Entwicklung etwa zwei Monate. Einen bis fünf Monate später schlüpft der Jungkäfer im Korn. Er verweilt dort bis zu drei Tage zur Aushärtung des Panzers und frisst sich dann aus der Kornhülle. Innerhalb weniger Tage kommt es bei Temperaturen ab 16 °C zur Paarung und erneuten Eiablage. Pro Jahr entwickeln sich in Deutschland durchschnittlich etwa drei Generationen, die Käfer werden mehrere Monate alt. Die Entwicklung ist stark temperaturabhängig: über 20 °C beschleunigen sich Eiablage, Larven- und Puppenentwicklung, und die Lebensdauer verkürzt sich.

Entwicklungsbedingungen
- 15–38 °C
- ab 9 % Kornfeuchte
- Stirbt unter –10 und über 40 °C

Schadbild. Kornkäfer und verwandte Arten entwickeln sich in Samenkörnern und Teigwaren. Körner sind ausgehöhlt und weisen ggf. große runde Austrittslöcher der Jungkäfer auf, teilweise auch kleine Fraßstellen der ausgewachsenen Käfer. Die lichtscheuen Käfer meiden meist die beleuchteten Oberflächen des Lagergutes und suchen eher feuchte und warme Regionen im Getreide auf. Bei starker Vermehrung, Erschütterung oder Bewegung des Lagergutes kommen sie an die Oberfläche.

Schädlingsfrüherkennung
- Kornkäfer-Stechfallen, Becherfallen
- akustische Überwachung
- Schwemmtest: Befallene Körner treiben durch eingeschlossene Luftblase auf.

Bedeutung. Kornkäfer gehören zu den wichtigsten Schädlingen in Getreidelagern. Eine Kornkäferlarve frisst das befallene Getreidekorn fast vollständig aus. Zudem vernichtet der Fraß eines ausgewachsenen Käfers etwa zwei Getreidekörner. Pro Jahr führt die Entwicklung von bis zu 250 000 Nachkommen eines Weibchens so zum Verlust von etwa 30 kg Korn. Kornkäferbefall ist in Getreidelagern häufig die Grundlage für Schäden durch andere Schädlinge, die nur verletzte Getreidekörner anfressen können, und schafft Wärmenester, in denen sich Pilze, Milben und Bakterien entwickeln können.

Ähnliche Arten. Reis- (*S. oryzae*) und Maiskäfer (*S. zeamais*) treten vereinzelt nach heißen Sommern und in Importwaren auf. Sie sind flugfähig und weisen vier undeutliche orangebraune Flecken auf den Flügeldecken auf. Sie benötigen höhere Temperaturen, die z. B. tief in Getreideschüttungen und in Verarbeitungsräumen gegeben sind. Sie sind kälteempfindlich und ein starker Befall ist selten.

Regulierungsstrategien

Vorbeugende Maßnahmen
- dauerhafte Temperaturen unter 15 °C
- Schrotung des Getreides

Biologische Maßnahmen
- Lager-Erzwespe gegen Larven
- Maiskäfer-Erzwespe (*Anisopteromalus calandrae*) gegen Larven

Direkte Bekämpfungsmaßnahmen
- Begasung mit inerten oder synthetischen Gasen
- Kieselgur wirkt nur gegen ausgewachsene Käfer und verhindert eine weitere Verbreitung.

Der Kleine Moderkäfer *Latridius minutus* (L.) auf einem Weizenkorn

Moderkäfer

Familie: Moderkäfer (Latridiidae)

Merkmale Käfer
- längs gepunktete Flügeldecken
- Fühler gekeult
- Länge: 0,8–3 mm

Merkmale Larve
- weiß mit braunem Kopf
- leicht behaart

Nahrung
- an feucht gelagerten Vorräten mit Schimmel

Entwicklungsbedingungen
- ab 65 % rel. Luftfeuchte

Die Moderkäfer treten in zahlreichen Arten auf. Die Deckflügel sind in Längsreihen gepunktet, die Fühler leicht gekeult. Alle Käfer dieser Familie besitzen lediglich drei Fußglieder. Die Artbestimmung ist schwierig und erfordert einen Spezialisten.

Gemeinsam mit Moderkäfern (links) treten häufig der räuberische Bücherskorpion (Mitte) und Schimmelplattkäfer (rechts) auf.

Lebensweise. Die kleinen Käfer können wie die Schimmelkäfer (Cryptophagidae), mit denen sie auch vergesellschaftet auftreten, sowohl im Freien als auch in Häusern massenhaft vorkommen. Voraussetzung sind Schimmelpilze, von denen sie leben, z. B. an zu feucht gelagerten Vorräten. Wo Moderkäfer auftreten, ist der Lebensraum meist auch für Diebkäfer und Staubläuse geeignet.

Bedeutung. Die Schäden durch die Moderkäfer beschränken sich auf den Schimmelfraß und den Verderb, weil stark durch Käfer befallene Ware nicht mehr handelsfähig ist.

Regulierungsstrategien

Vorbeugung
- trockene Lagerbedingungen und Vorräte, unter 65 % Luftfeuchte zwischen den Partikeln

Direkte Bekämpfung
- Nachtrocknung des Lagergutes und der Lagerstelle. Die Käfer wandern dann ab oder sterben aus.
- Liegt Befall ausschließlich mit Moderkäfern vor und bleibt genügend Zeit für Trocknung, kann von einer chemischen Bekämpfung abgesehen werden.

Der Mehlkäfer (links) und seine auch Mehlwurm genannte Larve (rechts) sind die größten bei uns vorkommenden Vorratsschädlinge.

Mehlkäfer

Tenebrio molitor L.
Familie: Schwarzkäfer (Tenebrionidae)

Merkmale Käfer
- schwarzbraun mit helleren Gliedmaßen
- Längsrillen auf den Flügeldecken
- Länge: etwa 2 cm

Merkmale Larve
- rundlich, mit Brustbeinen
- zunächst weiß, später gelbbraun
- Länge: bis 3 cm

Nahrung
- Getreideprodukte und Backwaren
- intakte Getreidekörner nur bei schlechter Lagerung

Bei diesem größten bei uns vorkommenden Vorratsschädling sind Gliedmaßen und Bauchseite hell rotbraun, während die Körperoberseite schwarzbraun ist. Der Hinterleib ist lang gestreckt mit parallelen Seiten, der Halsschild ist breit und die Fühler sind von mittlerer Länge und schnurförmig ohne Verdickungen. Die Käfer können gut fliegen. Die als Mehlwürmer bekannten, rundlichen Larven entwickeln mit zunehmendem Alter dunkle Ringe. Am Hinterleibsende weisen sie zwei kurze Spitzen auf.

Lebensweise. Die Weibchen legen bis zu 500 Eier in kleinen Gelegen. Die bis zu 2 mm langen, glänzend milchweißen Eier werden in kleinen Grüppchen in die Vorräte gelegt, an denen die klebrige Oberfläche anhaftet. Die Entwicklung vom Ei zum ausgewachsenen Käfer dauert zwischen sechs Monaten in beheizten Räumen und einem Jahr mit Winterruhe in unbeheizten Räumen. Die Larven können bis zu neun Monate ohne Nahrung überstehen und sind kältetolerant. Die ausgewachsenen Käfer haben eine kurze Lebensdauer von ca. sechs Wochen.

Neben Vorräten ernähren sich die Käfer von Pilzrasen, toten Insekten, Federn und Kot. Sie treten auch in morschem Holz, Vogelnestern und an Fledermausplätzen auf und können Styropor durchnagen und scheinbar sogar verdauen. In Vorratslagern sind sie besonders in dunklen, ungestörten Bereichen, Restgetreide und feuchtem Lagergut zu finden. Neben der Einschleppung mit befallenen Produkten verbreiten sich Mehlkäfer durch Flug, wobei sie von Lichtquellen angezogen werden.

Entwicklungsbedingungen
- 18–35 °C
- > 60 % rel. Luftfeuchte
- < 5 °C tödlich für Larven

Schadbild. Äußerlich sind Fraßspuren und Laufspuren in Stäuben erkennbar. Fraßmehl entsteht, während das Innere der Produkte stark zerfressen und durch Kot, Larven, Puppen und abgeworfene Häute verunreinigt wird.

Bedeutung. Der Mehlkäfer ist in Mühlen und Bäckereien häufig, gilt aber als weniger bedeutender Schädling, da er sich langsam entwickelt und leichter Befall nur zu geringen Masseverlusten führt. Allerdings ist verstärkter Befall, insbesondere an unverarbeiteten Vorräten, ein Anzeichen für schlechte Lagerbedingungen und unzureichende Hygiene. Mehlkäfer können, wie mehrere andere Vorratsschädlinge, Überträger des Rattenbandwurms sein.

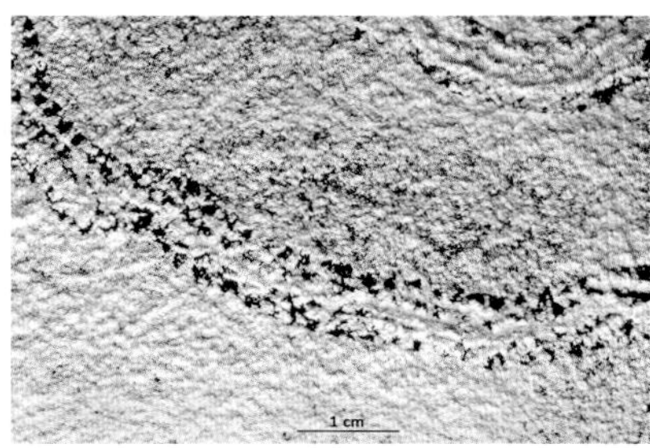

Charakteristische Laufspuren des Mehlkäfers in Mehlstaub

Ähnliche Art. Der verwandte Dunkle Mehlkäfer (*T. obscurus*) unterscheidet sich nur durch seine matt tiefschwarze Färbung von dem seidig glänzenden Mehlkäfer.

Regulierungsstrategien

Vorbeugende Maßnahmen
- Reinigung und Entfernung aller Produktionsstäube hat eine besondere Bedeutung bei der Vorbeugung.
- Behandlung von Nischen und Leerräumen

Biologische Maßnahmen
- Der Lagerpirat schränkt die Populationsentwicklung ein.

Direkte Bekämpfung
- Kieselguranwendung wirkt nur gegen Käfer, nicht aber gegen Larven.
- Anwendung von Prallmaschinen

Das Männchen (links) des Speisebohnenkäfers ist deutlich kleiner als das Weibchen (Mitte). Die Larve entwickelt sich in verschiedenen Leguminosensamen (rechts in der Augenbohne).

Speisebohnenkäfer

Acanthoscelides obtectus (Say)
Familie: Blattkäfer (Chrysomelidae)

Merkmale Käfer
- birnenförmiger Körper
- gefleckt ohne deutliche Zeichnung
- Länge: 3–4,5 mm

Merkmale Larve
- weiß
- beinlos, Kopf nicht erkennbar
- Länge: bis 4 mm

Nahrung
- Speise- und Ackerbohnen
- Erbsen, Wicken, Linsen
- Kichererbsen, Sojabohnen

Speisebohnenkäfer zeichnen sich durch einen gedrungenen Körper mit langen Fühlern aus, dessen Hinterleibsende abrupt abfällt und nicht von den Flügeldecken bedeckt ist. Die Käfer sind schimmernd grünbraun mit gelbgrauen Längsflecken und dünnen Streifen auf den Deckflügeln und besitzen ein gelbgraues, nicht gezeichnetes Hinterleibsende. Die Larve verbleibt auch während der Verpuppungszeit im Samen.

Lebensweise. Das Weibchen legt im Freiland 50 bis 100 Eier durch einen Spalt in der Hülsennaht direkt an die Bohnensamen oder im Lager zwischen das Lagergut. Nach circa vier Wochen schlüpfen die Larven, dringen in die Bohnen ein und legen dort eine Höhle sowie einen Schlupfgang bis an die Samenhaut mit einem durchscheinenden „Fenster“ an. Die Entwicklung im Samen dauert je nach Temperatur ein bis vier Monate. Die Käfer schlüpfen ab circa 11 °C in den Lagern. Bei 21 °C fliegen sie und befallen anderes Lagergut.

Entwicklungsbedingungen
- 12–35 °C

Schadbild. Befallene Samen weisen zunächst nur mit der Lupe erkennbare Eintrittslöcher auf. Vor dem Schlupf ist gegen Licht ein durchscheinendes Fenster zum Fraßgang erkennbar. Später zeigen sich die kreisrunden Schlupflöcher der Käfer von circa 2,5 mm Durchmesser. Es können bis zu 28 Schlupflöcher an einem Samen gefunden werden. Die frisch geschlüpften Käfer produzieren ein Pheromon mit einem angenehm süßlich-fruchtigen Geruch.

Bedeutung. Der Speisebohnenkäfer ist der einzige in Deutschland wild vorkommende vorratsschädliche Samenkäfer. Ursprünglich aus Amerika eingeschleppt, vermehrt er sich besonders gut in beheizten Räumen, bei warmer Witterung auch im Freiland. Neben der optischen Qualität und den Masseverlusten werden die Keimfähigkeit und Keimkraft der Samen durch Beschädigung des Keimlings beeinträchtigt.

Ähnliche Arten. Erbsen- (*B. pisorum*), Linsen- (*B. lentis*) und Ackerbohnenkäfer (*B. rufimanus*) aus der verwandten Samenkäfer-Gattung *Bruchus* haben eine ovale Körperform und vermehren sich nur im Freiland. Tropische Bohnenkäfer aus der verwandten Samenkäfer-Gattung *Callosobruchus* tragen Zeichnungen auf dem Hinterleibsende.

Das schwach gezeichnete Hinterleibsende unterscheidet den Speisebohnenkäfer von anderen Samenkäfern.

Die durchscheinenden Fenster zum Fraßgang zeigen einen Befall mit mehreren Larven der Speisebohnenkäfer an.

Regulierungsstrategien

Vorbeugende Maßnahmen
- Prüfung von Verpackungsmaterial auf Stabilität gegenüber den Bohnenkäfern

Biologische Maßnahmen
- Einsatz der Lager-Erzwespe, der Bohnenkäfer-Erzwespe und der Maiskäfer-Erzwespe (*Anisopteromalus calandrae*). Letztere eignet sich bei höheren Temperaturen.

Direkte Bekämpfung
- Kältebehandlung
- relativ widerstandsfähig gegenüber Begasung mit Kohlendioxid unter Hochdruck und schlecht erreichbar durch Kieselgur

Der Vierfleckige Bohnenkäfer (links) und der Chinesische Bohnenkäfer (Mitte) können mit Importen von Hülsenfrüchten eingeschleppt werden, die Eigelege und Schlupflöcher aufweisen (rechts).

Tropische Bohnenkäfer

Vierfleckiger Bohnenkäfer,
Callosobruchus maculatus (F.)
Chinesischer Bohnenkäfer,
Callosobruchus chinensis (L.)
Familie: Blattkäfer (Chrysomelidae)

Merkmale Käfer
- birnenförmiger Körper
- Halsschild mit mittigem hellen Fleck
- Länge: 2–4 mm

Merkmale Larve
- weißlich, leicht gekrümmt
- verbleibt im Samen

Nahrung
- viele Hülsenfrüchte außer Erbsen

Entwicklungsbedingungen
- 22–30 °C
- 40–60 % rel. Luftfeuchte
- Temperaturen unter 0 °C sind tödlich.

Die tropischen Samenkäfer haben einen birnenförmigen Körper, dessen Hinterleibsende abrupt, fast eckig abfällt und nicht vollständig von den Flügeldecken bedeckt ist. Sie sind schimmernd rotbraun und mehrfarbig gezeichnet. Der Vierfleckige Bohnenkäfer weist typischerweise vier schwarze Flecke auf. Beim Chinesischen Bohnenkäfer trägt nur das Männchen eine variable Zeichnung. Das Weibchen ist einheitlich nussbraun. Das unbedeckte Hinterleibsende trägt mittig einen hellen Längsstreifen. Der männliche Chinesische Bohnenkäfer trägt auffällig gesägte Fühler.

Die Larve ist weißlich, leicht gekrümmt mit einem kleinen Kopf. Die Eier kleben einzeln an den lagernden Samen.

Lebensweise. Die in den Tropen und Subtropen verbreiteten Bohnenkäfer sind wärmeliebend und können durch Importe eingeführt werden. Sie können sich in beheizten Räumen etablieren. Geschlüpfte Käfer haben eine kurze Lebensdauer von zwei bis vier Wochen, in denen sie keine Nahrung oder Flüssigkeiten benötigen. Die Weibchen legen etwa 100 Eier direkt an die lagernden Samen. Nach etwa einer Woche schlüpfen die Larven, dringen in die Bohnen ein und legen dort eine Höhle sowie einen Schlupfgang bis an die Samenhaut mit einem durchscheinenden „Fenster" an. Die Entwicklung im Samen dauert je nach Temperaturen ein bis vier Monate. Bei höherer Befallsdichte entwickeln sich die Wanderformen der Käfer, die fliegend neue Befallsorte suchen.

Schadbild. Befallene Leguminosensamen weisen zunächst gegen Licht ein durchscheinendes Fenster zum Fraßgang auf. Später zeigen sich die kreisrunden Schlupflöcher der Käfer

Freigelegte Samenkäferpuppe. Auch „Fenster", Schlupflöcher und äußerlich anhaftende Eier sind erkennbar (siehe Pfeile).

von circa 2,5 mm Durchmesser. Es können mehrere Schlupflöcher an einem Samen gefunden werden.

Bedeutung. Befallene Samen werden verunreinigt und in ihrem Aussehen beeinträchtigt. Die Samen verlieren Keimfähigkeit und Keimkraft.

Ähnliche Arten. Erbsen- (*B. pisorum*), Linsen- (*B. lentis*) und Ackerbohnenkäfer (*B. rufimanus*) der Gattung *Bruchus* haben eine ovale Körperform und vermehren sich nur im Freiland.

Regulierungsstrategien

Biologische Maßnahmen
- Einsatz der Lager-Erzwespe und der Bohnenkäfer-Erzwespe
- Einsatz der Maiskäfer-Erzwespe (*Anisopteromalus calandrae*) bei höheren Temperaturen

Direkte Bekämpfung
- Kältebehandlung
- relativ widerstandsfähig gegen Begasung mit Kohlendioxid unter Hochdruck, schlecht erreichbar durch Kieselgur

Kräuterdieb

Diebkäfer

Kräuterdieb, *Ptinus fur* (L.)
Australischer Diebkäfer, *Ptinus tectus* Boield.
Gelbbrauner Diebkäfer, *Ptinus clavipes* Panz.
Familie Dieb- und Nagekäfer (Ptinidae)

Merkmale Käfer
- rundlicher Hinterleib und deutlich kleinerer Halsschild
- lange Beine und Fühler
- Länge: 3–5 mm

Merkmale Larve
- weiß behaart mit braunem Kopf
- mit Nahrungspartikeln getarnt
- Länge: bis 5 mm

Nahrung
- pflanzliche und tierische Vorräte
- Getreideprodukte
- Pflanzliche Drogen und Gewürze

Die Diebkäfer erinnern mit ihrem rundlichen Körper und den langen Gliedmaßen an Spinnen. Der nach unten gerichtete Kopf wird vom Halsschild verdeckt. Sie sind von gelbbrauner, rotbrauner bis schwarzbrauner Farbe und tragen eine feine, schimmernde Behaarung. Die Käfer und Larven sind lichtscheu und nacht-

Australischer Diebkäfer

aktiv. Sie stellen sich bei Berührung tot und sind nicht flugfähig.

Die Larven haben einen nach unten gekrümmten Hinterleib und sechs Brustbeine. An der feinen Behaarung bleiben Nahrungspartikel hängen und tarnen die Larve. Einzelne Arten können am After einen v-förmigen Fleck und eine Abdominalgabel aufweisen. Die Puppe liegt in einem kugelförmigen Gespinstkokon mit kleinen Nahrungsteilchen im Substrat.

Lebensweise. Diebkäfer bevorzugen feuchte Lagerbedingungen. Zur optimalen Vermehrung und Lebensdauer benötigen sie ab und zu Trinkwasser in Form von Tau- und Kondenswassertropfen. Durch die Möglichkeit der Winterruhe können die Diebkäfer auch Frosttemperaturen überstehen. In ganzjährig warmen Gebäuden entwickeln sich der Australische Diebkäfer und der Kräuterdieb binnen drei bis fünf Monaten vom Ei zum ausgewachsenen Käfer, der selbst noch etwa neun Monate lang lebt. Während der relativ langen Lebensdauer legen die Weibchen in mehreren Schüben mehrere Hundert Eier. Bei etwas kühleren Wintertemperaturen verbleibt die ausgewachsene Larve mehr als ein halbes Jahr im Kokon zur Winterruhe, und die volle Entwicklung dauert ein Jahr.

Entwicklungsbedingungen
- Australischer Diebkäfer: 15–30 °C, andere Arten kältetoleranter
- ab 65 % rel. Luftfeuchte
- frosttolerant

Schadbild. Diebkäfer befallen besonders feuchtes sowie bereits durch Schädlinge befallenes Getreide, aber auch Kakao und Fischmehl. Sie fressen sich auch in feste Materialien wie Karton oder weiches Holz hinein und entwickeln sich hinter Tapeten. Der Befall wird meist in den äußeren Schichten des Lagerguts durch unregelmäßige Fraßspuren am Keimling von Getreidekörnern sowie durch das Vorhandensein von Gespinsten und Fraßmehlen sichtbar. In feinkörnigen Vorräten können durch Siebung

Kugelfömige Kokons der Diebkäferpuppen mit eingesponnenen Teilchen von Weizenkleie

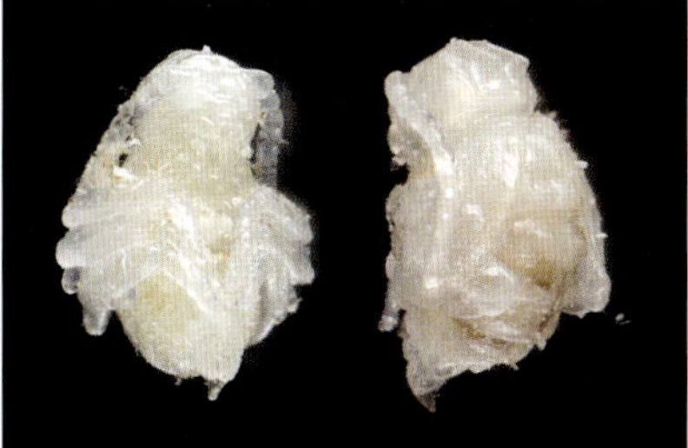

Die Puppen der Diebkäfer (hier Messingkäfer) lassen die Umrisse des adulten Käfers erkennen.

die ovalen bis kugelrunden Kokons der Käferpuppen entdeckt werden.

Schädlingsfrüherkennung
- Probesiebungen
- Klebefallen
- Die genannten Arten werden nicht in Becherfallen gefangen, da sie an glatten Materialien emporlaufen können.

Bedeutung. Diebkäfer treten in Wohnungen und Lagern auf und kommen auch im Freien in Vogelnestern vor. In unbeheizten Räumen werden vor allem lang lagernde Vorräte befallen. Allerdings können sich die Käfer auch von Rattenkot oder Insekten ernähren. Wirtschaftlich bedeutsam ist der Australische Diebkäfer, der bisweilen direkte Bekämpfung erfordern kann. Schäden entstehen durch Verunreinigungen,

Verfilzung, Fraß und Lochfraß an Verpackungsmaterial.

Ähnliche Arten. Der braun bis golden schimmernde Messingkäfer (*Niptus hololeucus*) und der braune, glatt glänzende Kugelkäfer (*Gibbium psylloides*) treten schädigend in Füll- und Dämmmaterialien in alten Häusern auf und befallen auch pflanzliche Vorräte. Seltener kann auch der Behaarte Diebkäfer auftreten, der eine lang gestreckte Körperform hat.

Regulierungsstrategien

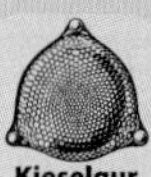

Während Befall mit dem Kräuterdieb, dem Kleinen oder dem Gelbbraunen Diebkäfer meist durch Reinigung und Absenken der Luftfeuchtigkeit beendet werden kann, sind beim Australischen Diebkäfer bisweilen direktere Bekämpfungsmaßnahmen erforderlich.

Vorbeugende Maßnahmen
- Absenken der Luftfeuchtigkeit
- Reinigung
- Kieselgur zur Anwendung im Leerraum, Ritzen und Fugen

Biologische Maßnahmen
- Die Lager-Erzwespe und die Maiskäfer-Erzwespe (*Anisopteromalus calandrae*) können gegen verschiedene Diebkäfer eingesetzt werden.

Direkte Bekämpfung
- gründliche Reinigung befallenen Getreides

Motten (Lepidoptera)

Die Mehlmotte und ihre Larve sind größer als die Motten und Larven ähnlicher verwandter Arten.

Mehlmotte

Ephestia kuehniella Zell.
Synonym: *Anagasta kuehniella*
Familie: Zünsler (Pyralidae)

Merkmale Motte
- graubraune bis blaugraue Flügel
- gebänderte Zeichnung
- Länge: 10–14 mm

Merkmale Larve
- brauner Kopf, Nacken- und Afterschild
- dunkle Punkte an den Borstenbasen
- Länge: bis 15 mm

Nahrung
- Nahezu alle Nahrungs- und Futtermittel
- vor allem Mehl

Die Mehlmotte ist eine der größten vorratsschädlichen Mottenarten. Sie hat leicht glänzende, graue Flügel mit zwei stark gezackten schwarzen Querbändern. Die Unterscheidung von anderen Arten der Gattung ist besonders anhand der Falter schwierig. Am Flügelende sitzt ein kurzer Fransensaum. Als Zünslermotten haben die Motten kurze, nach vorn gerichtete Palpen. Sie fliegen besonders zur Dämmerung und lassen sich durch Erschütterungen und Licht aufscheuchen. Die Larven variieren in ihrer Färbung von weiß, gelblich, rosa bis bräunlich. Befall und Verpuppung erfolgen oft an den belüfteten Oberflächen und Seiten von Lagern.

Lebensweise. Die nacht- und dämmerungsaktiven Falter fliegen hauptsächlich von Mai bis September. Der Entwicklungszyklus entspricht dem der Speichermotte, allerdings geht die Mehlmotte nur sehr selten in Diapause.

Entwicklungsbedingungen
- 10–30 °C
- 40 % rel. Luftfeuchte
- über 45 °C sind tödlich

Schadbild. Anzeichen für einen Befall sind große Mengen von Gespinsten, versponnene Mehlklumpen, Larvenhäute, Kot und Puppen an Produkten, Maschinen sowie Verpackungsmaterialien. An Trockenfrüchten, die oft schon beim Anbau im Freiland befallen werden, finden sich 2–3 mm weite Austrittslöcher, ebenso in Verpackungen.

Schädlingsfrüherkennung
- Pheromonfallen (ZETA), die auf verschiedene Zünslerarten gleichermaßen wirken
- Lichtfallen
- Mehle: Siebung mit 0,2 mm Maschenweite zum Aufspüren von Motteneiern
- Larven werden in Käferfallen erfasst oder in Wellpappen als geeignete Verpuppungsorte gefunden.

Bedeutung. Diese kältetolerantere Mottenart tritt in Verarbeitungsräumen und in unbeheizten Lagern auf. Der Hauptschaden entsteht durch die Verunreinigung des Lagergutes, wodurch es nicht mehr verkehrsfähig ist und gesundheitliche Probleme bei mit ihm gefütterten Nutztieren verursachen kann. Gespinste können zu Verstopfungen in Transportsystemen und Sieben führen sowie zu Kondensation und Wärmestau.

Ähnliche Arten. Die Samenmotte (*Hoffmannophila pseudospretella*) ist etwas größer und von dunklerer Flügelfarbe als es die *Ephestia*-Arten sind. Ihre Palpen sind größer und länger, ihre Larve zeigt keine Punkte. Sie tritt an feucht gelagerten Vorräten auf.

Regulierungsstrategien

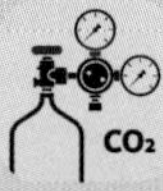

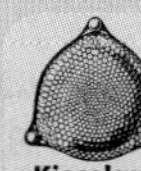

Vorbeugende Maßnahmen
- dichte Verpackungen und Behälter, Poren ab 0,1 mm Weite vermeiden
- Absenken der Lagertemperatur auf unter 10 °C
- Kieselgur ins Lagergut einmischen

Biologische Maßnahmen
- Mehlmotten-Schlupfwespe und Mehlmotten-Ichneumon als Larvenparasiten
- Zwergwespe als Eiparasit
- großräumige Ausbringung von Pheromonen mit Aerosolverteilern in Verarbeitungsanlagen zur Paarungsverwirrung

Direkte Bekämpfung
- Einmischen von Kieselgur in gesamte Getreidepartien
- Anwendung von Prallmaschinen
- Vernebelung von Kontaktinsektiziden gegen Falter

Die Speichermotte ist im inneren Flügelbereich heller gefärbt. Rechts: Speichermotten-Raupe.

Speichermotte

Ephestia elutella (Hübner)
Synonyme: Kakaomotte, Heumotte
Familie: Zünsler (Pyralidae)

Merkmale Motte
- braungraue bis blaugraue Flügel
- innerer Flügelbereich hell
- Länge: 8–10 mm

Merkmale Larve
- brauner Kopf, Nacken- und Afterschild
- dunkle Punkte an den Borstenbasen
- Länge: bis 15 mm

Nahrung
- nahezu alle Nahrungsmittel
- im Freiland auch Heu und Stroh
- sogar Tabak und Rohkaffee

Die Speichermotte hat leicht glänzende graubraune Flügel mit einem hellen Bereich an der inneren Flügelkante und zwei undeutlichen, leicht gezackten dunklen Querbändern. Die Unterscheidung von anderen Arten der Gattung ist besonders an abgeflogenen Faltern schwierig. Am Flügelende sitzt ein kurzer Fransensaum. Als Zünslermotten haben die Tiere kurze, nach vorn gerichtete Palpen. Sie fliegen besonders zur Dämmerung und lassen sich durch Erschütterungen und Licht aufscheuchen.

Die Larven variieren in ihrer Färbung und sind weiß, gelblich, rosa bis bräunlich. Befall und Verpuppung erfolgen oft an den belüfteten Oberflächen und Seiten von Lagern.

Lebensweise. Die nacht- und dämmerungsaktiven Falter fliegen hauptsächlich von Mai bis September. Sie sind in Deutschland heimisch und können aus dem Freiland zufliegen. Die Mottenweibchen legen während ihres Lebens 120–300 Eier in die Nähe oder auf die Oberfläche des Nahrungssubstrats. Oberflächlich abgelegte Eier rieseln in Getreide bis zu 5 cm tief herein. Die Larven halten sich in tieferen Schichten des Lagerguts auf. In ihrem letzten Entwicklungsstadium verlassen sie aktiv das Lagergut, um einen geeigneten Verpuppungsort zu finden (Wanderlarven). Larven, die im Herbst schlüpfen, überwintern in Diapause. Die Falter haben eine Lebensdauer von etwa drei Wochen und nehmen in dieser Zeit keine Nahrung mehr auf. Die Entwicklungsdauer vom Ei zum Falter beträgt abhängig von den Umweltbedingungen ohne Diapause sechs bis zehn Wochen. In einem Jahr entwickeln sich zwei bis drei Generationen, in unbeheizten Lagern meist nur eine Generation.

Entwicklungsbedingungen

- 15–35 °C
- 30–70 % rel. Luftfeuchte

Schadbild. Anzeichen für einen Befall sind große Mengen von Gespinsten, versponnene Getreideklumpen, Larvenhäute, Kot und Puppen an der Oberfläche der Produkte, Maschinen sowie Verpackungsmaterialien.

Schädlingsfrüherkennung

- Pheromonfallen (ZETA)
- Mehle: Siebung mit 0,2 mm Maschenweite zum Aufspüren von Motteneiern
- Larven werden in Käferfallen erfasst oder in Wellpappen als geeigneten Verpuppungsorten gefunden.

Bedeutung. Der Hauptschaden entsteht durch eine Verunreinigung des Lagerguts, wodurch es nicht mehr verkehrsfähig wird. Auch bei Nutztieren kann verunreinigtes Tierfutter gesundheitliche Probleme verursachen. Gespinste können zu Verstopfungen in Transportsystemen und Sieben führen sowie zu Kondensation und Wärmestau, was Sekundärbefall durch Schimmelpilze oder andere Schädlinge begünstigt.

Regulierungsstrategien

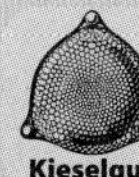

Vorbeugende Maßnahmen

- dichte Verpackungen und Behälter, Poren ab 0,1 mm Weite vermeiden
- Absenken der Lagertemperatur auf unter 15 °C
- Kieselgur in das Lagergut einmischen

Biologische Maßnahmen

- Mehlmotten-Schlupfwespe und Mehlmotten-Ichneumon als Larvenparasiten
- Zwergwespe als Eiparasit, die Speichermotte gehört zu ihren bevorzugten Wirten.
- großräumige Ausbringung von Pheromonen mit Aerosolverteilern in Verarbeitungsanlagen zur Paarungsverwirrung

Direkte Bekämpfung

- Einmischen von Kieselgur in gesamte Getreidepartien
- Anwendung von Prallmaschinen
- Vernebelung von Kontaktinsektiziden gegen Falter

Die Tropische Speichermotte ist undeutlich gezeichnet. Rechts: Raupe der Tropischen Speichermotte.

Tropische Speichermotte

Cadra cautella (WALK.)
Synonyme: *Ephestia cautella*, Dattelmotte
Familie: Zünsler (Pyralidae)

Merkmale Motte
- braune bis blaugraue Flügel
- nur undeutlich gezeichnet
- Länge: 8–10 mm

Merkmale Larve
- brauner Kopf, Nacken- und Afterschild
- dunkle Punkte an den Borstenbasen
- Länge: bis 15 mm

Nahrung
- nahezu alle Nahrungs- und Futtermittel
- bevorzugt Mandeln

Die Tropische Speichermotte hat leicht glänzende graubraune Flügel mit einer undeutlichen dunklen Zeichnung. Die Unterscheidung von anderen Arten der Gattung ist besonders bei den Faltern schwierig. Am Flügelende sitzt ein kurzer Fransensaum. Als Zünslermotten haben die Tiere kurze, nach vorn gerichtete Palpen. Sie fliegen besonders zur Dämmerung und lassen sich durch Erschütterungen und Licht aufscheuchen. Die Larven variieren in ihrer Färbung und sind weiß, gelblich, rosa bis bräunlich. Befall und Verpuppung erfolgen oft an den belüfteten Oberflächen und Seiten von Lagern.

Lebensweise. Die nacht- und dämmerungsaktiven Falter fliegen hauptsächlich von Mai bis September. Die Mottenweibchen legen während ihres Lebens 150 bis 500 Eier in die Nähe oder auf die Oberfläche des Nahrungssubstrats, in das sie bis zu 5 cm tief hereinrieseln. In ihrem letzten Entwicklungsstadium verlassen sie zur Verpuppung das Lagergut. Die Falter haben eine Lebensdauer von etwa drei Wochen und nehmen in dieser Zeit keine Nahrung mehr auf. Die Entwicklungsdauer vom Ei zum Falter beträgt abhängig von den Umweltbedingungen vier bis zehn Wochen. Da die Larve der Tropischen Speichermotte keine Diapause hält, können sich in beheizten Räumen bis zu sechs Generationen pro Jahr entwickeln.

Entwicklungsbedingungen
- 15–35 °C
- 30–70 % rel. Luftfeuchte

Schadbild. Anzeichen für einen Befall sind große Mengen von Gespinsten, versponnene Produktklumpen, Larvenhäute, Kot und Puppen an der Oberfläche von Vorratsbehältern, in und um Maschinen sowie an Verpackungsmaterialien. An Trockenfrüchten, die oft schon im Anbau im Freiland befallen werden, finden sich 2 bis 3 mm weite Austrittslöcher, ebenso in Verpackungen.

Schädlingsfrüherkennung
- Pheromonfallen (ZETA) gegen vier Zünslerarten
- Mehle: Siebung mit 0,2 mm Maschenweite zum Aufspüren von Motteneiern
- Larven werden in Käferfallen erfasst oder in Wellpappen als geeignete Verpuppungsorte gefunden.

Bedeutung. Der Hauptschaden entsteht durch eine Verunreinigung des Lagerguts, wodurch es nicht mehr verkehrsfähig wird und auch zu gesundheitlichen Problemen in der Verfütterung an Nutztiere führen kann. Gespinste können zu Verstopfungen in Transportsystemen und Sieben führen sowie zu Kondensation und Wärmestau.

Regulierungsstrategien

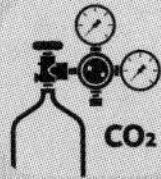

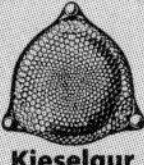

Vorbeugende Maßnahmen
- dichte Verpackungen und Behälter, Poren ab 0,1 mm Weite vermeiden
- Absenken der Lagertemperatur auf unter 15 °C
- Kieselgur in das Lagergut einmischen

Biologische Maßnahmen
- Mehlmotten-Schlupfwespe und Mehlmotten-Ichneumon als Larvenparasiten
- Zwergwespe als Eiparasit (die Tropische Speichermotte gehört zu ihren bevorzugten Wirten).
- großräumige Ausbringung von Pheromonen mit Aerosolverteilern in Verarbeitungsanlagen zur Paarungsverwirrung

Direkte Bekämpfung
- Einmischen von Kieselgur in gesamte Getreidepartien
- Anwendung von Prallmaschinen
- Vernebelung von Kontaktinsektiziden gegen Falter

Die Dörrobstmotte (links) unterscheidet sich durch ihre zweigeteilte Flügelfärbung deutlich von anderen Mottenarten. Schäden verursacht ihre Raupe (rechts).

Dörrobstmotte

Plodia interpunctella (Hübner)
Familie: Zünsler (Pyralidae)

Merkmale Motte
- beige-kupferrote Färbung
- nach vorn gerichtete Palpen
- Länge 8–11 mm

Merkmale Larve
- weiß, rötlich oder grünlich
- brauner Kopf und Nackenschild
- Länge bis 17 mm

Nahrung
- Trockenobst, Nüsse, Gewürze, Hülsenfrüchte, seltener Getreide

Die Dörrobstmotte ist durch die kupferrote Färbung von Kopf, Halsschild und dem hinteren Flügelbereich gekennzeichnet. Bei älteren Faltern kann die Flügelzeichnung abgerieben sein. Hier unterstützen die dunkelbraune Färbung der Bauchseite, der relativ dunkle Kopf und die geringe Befransung der Flügel die Erkennung. Die glänzenden Larven weisen verschiedene Färbungen auf. Die Puppe liegt in der Regel geschützt in einem Gespinstkokon.

Lebensweise. Die Weibchen legen bis zu 500 weiße, zitronenförmige Eier direkt in das Nahrungssubstrat. Die Larven können in ungeheizten Räumen in Diapause überwintern und setzen im Frühjahr bei entsprechenden Bedingungen ihren Lebenszyklus fort. Sie verpuppen sich an der Oberfläche des Substrats oder an einem geschützten Ort in der Nähe. Die adulten Falter leben etwa 10 bis 15 Tage lang und benötigen in dieser Zeit keine Nahrung. Die gesamte Entwicklungsdauer beträgt ein bis zehn Monate. Pro Jahr entstehen so ein bis sechs Generationen in unbeheizten Räumen.

Entwicklungsbedingungen

- 18–33 °C
- 25–95 % rel. Luftfeuchte
- Eier sterben erst bei −18 °C nach mehr als neun Stunden ab.

Schadbild. Durch Gespinste verklebte Produkte sind meist erste Zeichen für Mottenbefall. Die Dörrobstmotte befällt eine Vielzahl von Produkten, sogar pflanzliche Dämmstoffe. Der Befall ist oft ungleichmäßig verteilt und auf die Oberfläche der Substrate und Verpackungsmaterialien konzentriert. Die Eilarve kann in viele Verpackungsmaterialien eindringen und Wanderlarven können viele Verpackungsmaterialien durchnagen, um abzuwandern.

Schädlingsfrüherkennung

- Pheromonfallen für Zünsler-Arten (ZETA)
- Larven in Käferfallen fangen oder nach Verpuppung in Wellpappe-Streifen finden

Bedeutung. Weltweit ist die Dörrobstmotte wahrscheinlich die wichtigste Schadmotte in der lebensmittelverarbeitenden Industrie. Sie ist in Deutschland etabliert und kann aus anderen Gebäuden zufliegen. Neben Masseverlusten führt Mottenbefall zur Verunreinigung durch Gespinste und Larvenhäute. In den letzten Jahren wird die Dörrobstmotte immer häufiger auch in Getreidelagern gefunden.

Regulierungsstrategien

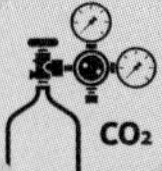

Vorbeugende Maßnahmen

- Lagertemperatur langfristig unter 18 °C, zeitlich begrenzt auch unter 10 °C
- widerstandsfähige Behälter und Verpackungsmaterialien ohne Poren ab 0,1 mm Durchmesser
- Zuflug von außen durch insekten- und geruchsdichte Bauweise begrenzen!

Biologische Maßnahmen

- Zwergwespe als Eiparasit
- Mehlmotten-Schlupfwespe und Mehlmotten-Ichneumon gegen Larven, auch gemeinsam
- Nebeneffekt des Lagerpiraten nutzen (gegen Reismehlkäfer)
- großräumige Ausbringung von Pheromonen mit Aerosolverteilern in Verarbeitungsanlagen zur Paarungsverwirrung, wirkt auf alle wichtigen Zünsler-Arten

Direkte Bekämpfungsmaßnahmen

- Kältebehandlung: Besonders die Eier sind sehr widerstandsfähig. Daher sind tiefe Temperaturen oder lange Kühlzeiten nötig.
- Herausreinigen aus ganzkörnigem Lagergut
- Kieselgur tötet junge Larven schnell ab, während ältere Larvenstadien erst über einen längeren Zeitraum (ein Monat) beeinträchtigt werden.
- Anwendung von Prallmaschinen

Die Kornmotte fällt durch ihre unregelmäßig gefleckte Flügelzeichnung auf.

Kornmotte

Nemapogon granella (L.)
Familie: Echte Motten (Tineidae)

Merkmale Motte
- grauweiß-dunkelbraun gefleckt
- büscheliger „Haarschopf" am Kopf
- Länge: 6–7 mm

Merkmale Larve
- gelblich weiß
- blassgelbe bis braune Kopfkapsel
- Länge: bis 10 mm

Nahrung
- jede Getreideart
- Hülsenfrüchte, Trockenobst, Nüsse
- Pilze, Presskuchen und Materialien

Die kleinen, mit der Kleidermotte verwandten Motten unterscheiden sich von anderen Arten besonders durch die unregelmäßig gefleckte Zeichnung der Vorderflügel. Am hinteren Rand finden sich kurze graubraune Fransen, die nach oben und hinten hin abstehen. Der Kopf trägt einen für die Familie der Echten Motten typischen „Haarschopf". Die Larven halten sich meist 5 bis 6 cm unter der Oberfläche der Getreidevorräte auf.

Lebensweise. Die Motten sind vor allem im Sommerhalbjahr (April bis September) aktiv, den Winter überdauern sie als Larven. Ein Weibchen der Kornmotte legt im Durchschnitt 100 Eier in das Nahrungssubstrat. Die Larve verpuppt sich für zwei bis drei Wochen in einem Gespinst entweder direkt am Lagergut oder in Ritzen und Fugen in der Nähe. Die ausgewachsenen Falter leben nur zwei bis drei Wochen lang. Die komplette Entwicklung dauert etwa zwei bis fünf Monate, sodass sich in einem Jahr einschließlich Winterruhe ein bis zwei Generationen entwickeln.

Die Kornmotte, insbesondere ihre Larve, ist sehr kälteresistent und feuchteliebend und tritt weltweit hauptsächlich im gemäßigten Klima auf. Sie entwickelt sich sowohl in Innenräumen als auch im Freiland.

Entwicklungsbedingungen

- 7–27 °C
- 14 % Kornfeuchte
- 65–95 % rel. Luftfeuchte

Schadbild. Die Kornmotte befällt neben Vorratsgütern auch frische Pilze, Knoblauch, aber auch Weinkorken, Holz und tierische Textilien. Die Larven können sich dabei tunnelartig in ihre Nahrung einbohren und so zum Beispiel Korken undicht machen. Des Weiteren überspinnen die Larven das Vorratsgut, sodass Verklumpungen aus etwa 20 bis 30 Getreidekörnern, gelblich grünen Kotkrümeln, Larven und Puppen entstehen. Befallene Getreidevorräte riechen unangenehm.

Bedeutung. Der Fraß der Kornmotte beschädigt den Keimling der Getreidekörner und vermindert die Keimfähigkeit. Das dabei entstehende Fraßmehl und der Kot der Insekten machen die Getreidevorräte unbrauchbar.

Ähnliche Arten. Auch die Roggenmotte (*Nemapogon variatella*, Synonym *N. personella*) tritt als Vorratsschädling auf, und die Korkmotte (*N. cloacella*) ist ein Schädling in Forsten und Weinkellern. Die verschiedenen *Nemapogon*-Arten sind nur von Spezialisten auseinanderzuhalten.

Regulierungsstrategien

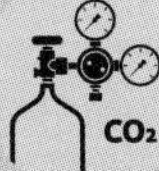

Da die Kornmotte besonders in feuchten Lagern und bei Schimmelbefall auftritt, sind insbesondere vorbeugende Maßnahmen zur Verbesserung der Lagerbedingungen zu ergreifen.

Vorbeugende Maßnahmen

- Absenken der Lagertemperaturen auf unter 7 °C
- Trocknen der Getreidevorräte

Biologische Maßnahmen

- Einsatz der Zwergwespe
- Einsatz der Mehlmotten-Schlupfwespe

Direkte Bekämpfung

- Tiefgefrieren
- CO_2-Hochdruckbehandlung

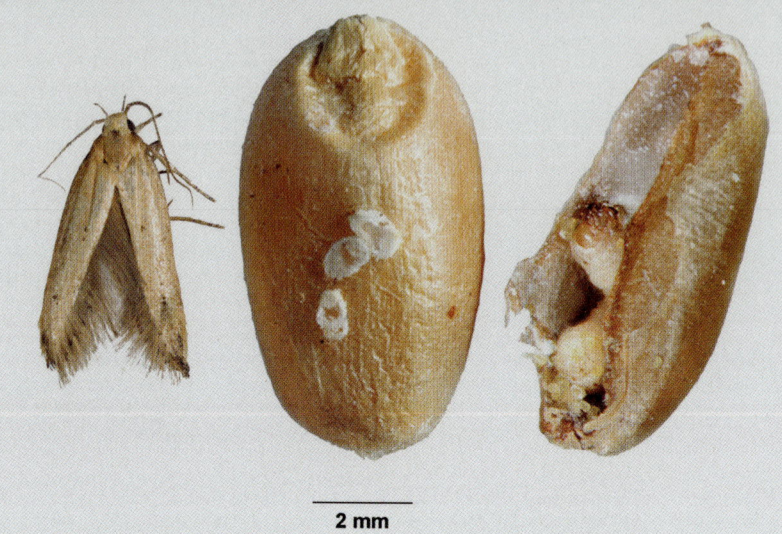

Die relativ kleine Getreidemotte (links) legt ihre Eier an die Außenhülle des Korns. Die Entwicklung der Larve erfolgt im Korn (rechts).

Getreidemotte

Sitotroga cerealella (Ol.)
Familie: Palpenmotten (Gelechiidae)

Merkmale Motte
- spitze, lang befranste Flügel
- nach vorn gerichtete Palpen
- Länge 5–8 mm

Merkmale Larve
- beinlos
- im Samen verborgen
- Länge bis 6 mm

Nahrung
- ganzkörnige Getreide
- Buchweizen, Hirse, Grassamen
- Kakaobohnen

Der Falter der Getreidemotte ist kleiner als die Falter anderer Mottenarten. Die gelbbraunen seidenartig befransten Vorderflügel tragen einzelne dunkle Punkte. Bei fliegenden Faltern erscheinen sie silbrig. Die Falter sind an der Unterseite braun gefärbt und besitzen die für die Familie typischen langen Palpen (fühlerartige Taster am Kopf). Die Larven und Puppen entwickeln sich meist unbemerkt innerhalb der Körner. Frühe Larvenstadien verfügen über Beine, die im Laufe ihrer Entwicklung verkümmern.

Lebensweise. Die Weibchen der Getreidemotte legen etwa 200 rötlich weiße Eier einzeln oder in kleinen Gelegen auf die Oberfläche von Getreidekörnern, deren Kornwassergehalt über 9 % liegt. Die Larven bohren sich sofort nach dem Schlupf in die Getreidekörner ein, wobei außer beim Mais immer nur eine Larve pro Korn zu finden ist. Die Larve leert das Korn komplett aus und frisst vor der Verpuppung ein Austrittsloch frei, aus dem der adulte Falter schlüpft. Die Entwicklungsdauer von durchschnittlich 39 bis 40 Tagen ist stark von den

Auf diesem Bild sind die Palpen der Getreidemotte gut zu erkennen.

Umweltbedingungen abhängig. Die Falter leben nach dem Schlupf noch etwa zwei Wochen und fressen in dieser Zeit nicht mehr. Diese Mottenart stammt ursprünglich aus subtropischen Regionen und kann in Deutschland nur innerhalb von beheizten Gebäuden überleben.

Entwicklungsbedingungen

- 10–35 °C
- 25–80 % rel. Luftfeuchte und mindestens 9 % Kornfeuchte
- Stirbt unter 0°C

Schadbild. Im Gegensatz zu anderen Mottenarten produzieren die Larven der Getreidemotte keine oder nur sehr wenige Gespinste. Befallene Getreidekörner weisen erst vor der Verpuppung einen mit einem Gespinst verschlossenen Ausgang auf. Dabei können zwei Körner zusammen versponnen werden. Nach dem Schlupf ausgewachsener Falter von Mai bis Juni sind Austrittslöcher sichtbar, und die Falter sitzen häufig an den Wänden der Lager. Das befallene Getreide nimmt zudem einen unangenehmen Geruch an und erhitzt sich.

Schädlingsfrüherkennung

- artspezifische Pheromonfallen

Bedeutung. Durch Fraßschäden kann es bei starkem Befall zu Masseverlusten von bis zu 50 % des Getreides kommen. Produkte werden weniger stark als bei anderen Mottenarten durch Kot und Gespinste verunreinigt. Sie sind jedoch nicht mehr zur Weiterverarbeitung geeignet. Die entstehende Wärme, die Feuchtigkeit und die Fraßmehle begünstigen eine Besiedlung durch Schimmelpilze oder Milben.

Regulierungsstrategien

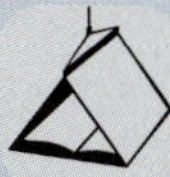

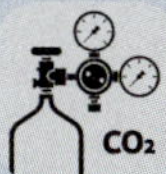

Vorbeugende Maßnahmen

- Lagerung bei < 10 °C und < 9 % Kornwassergehalt

Biologische Maßnahmen

- Lager-Erzwespen parasitieren die Larven im Korn.
- Zwergwespe gegen Eigelege

Direkte Bekämpfung

- Begasung erreicht die in den Körnern geschützt lebenden Larven und Puppen.
- Kontaktinsektizide und Kieselgur töten frühe Larvenstadien ab, bevor sie sich in das Korn einbohren.
- Einsatz von Prallmaschinen

Staubläuse (Psocoptera)

Die weniger als 2 mm kleinen Staubläuse sind mit bloßem Auge kaum als Insekt zu erkennen.

Staubläuse, Bücherläuse und Lausflechtlinge

Lepinotus patruelis Pearman
Lepinotus reticulatus Endl.
Liposcelis bostrychophila Badonnel
Liposcelis entomophila (Endl.)
Lachesilla pedicularia (L.)
Ordnung: Staubläuse (Psocoptera)

Merkmale Insekt
- winziges Insekt mit langen Fühlern
- mit oder ohne Flügel
- Länge 0,8–1,4 mm

Merkmale Larve
- Jungstadien ähneln adulten Tieren

Nahrung
- feuchtes Getreide
- schimmelige pflanzliche Vorräte
- schimmeliges Papier

Bei Staub- und Bücherläusen und Lausflechtlingen handelt es sich um kaum erkennbare, weichhäutige, gelbliche bis bräunliche Insekten. Sie bewegen sich im Verhältnis zu ihrer Größe relativ schnell und ruckartig. Manche Arten besitzen Flügelstummel (*Lepinotus patruelis*), andere sind flügellos (*Liposcelis bostrychophila*) und wenige mit durchsichtigen, fein geäderten Flügeln ausgestattet (*Lachesilla pedicularia*). Verschiedene Arten von Staub- und Bücherläusen treten oft gemeinsam auf. Durch ihre weiche Haut können sie für Käferlarven gehalten werden. Auch ist die Verwechslung mit größeren Raubmilben möglich, doch diese weisen ein ruhigeres Bewegungsmuster auf.

Die circa 0,6 mm langen Eier werden in Spalten gelegt und eingesponnen. Die Jungstadien der Staubläuse ähneln den ausgewachsenen Tieren bis auf ihre geringere Größe.

Lebensweise. Staub- und Bücherläuse können kühlere und trockenere Bedingungen einige Tage lang überdauern. Sie können Wasserdampf aktiv aus der Luft aufnehmen. Bei Schimmelwachstum kann es zu Massenvermehrungen kommen. Gemeinsam treten die Insekten dann auch mit Moderkäfern, Schimmelkäfern und räuberischen Bücherskorpionen auf. Frischer Zement und Putz können zum Beispiel die zur Entwicklung benötigte Feuchtigkeit in sonst trockenen Räumen liefern. Eine Einschleppung erfolgt häufig mit Verpackungsmaterialien. Insgesamt treten sechs bis acht Generationen im Jahr auf. Sie können an geschützten Orten im Freien überwintern.

Die am besten untersuchte Bücherlaus *Liposcelis bostrychophila* legt bei Temperaturen zwischen 18 und 35 °C um die 100 unbefruchtete Eier, aus denen nach acht bis 70 Tagen Nymphen schlüpfen. Diese häuten sich neun bis 90 Tage lang wiederholt, bis sie ausgewachsen sind. Im Gegensatz zu anderen Bücherlaus-Arten existieren keine männlichen Formen von *L. bostrychophila*. Die ausgewachsenen Bücherläuse haben eine Lebensdauer von 15 bis 30 Wochen.

Entwicklungsbedingungen
- > 65 % rel. Luftfeuchte
- stirbt bei weniger als 0° C

Schadbild. Der Befall mit Bücherläusen zeigt kein erkennbares Schadbild. Becherfallen, Probesiebungen und doppelseitiges Klebeband an Wänden können die rechtzeitige Feststellung eines Befalls ermöglichen. Auf hellen Produkten wie Mehl und Reis werden umherlaufende Insekten am ehesten entdeckt. Sie bewegen sich auch auf Böden, an Wänden und in Verpackungsmaterialien.

Bedeutung. Staub- und Bücherläuse ernähren sich vorwiegend von Myzelien und Sporen von Schimmelpilzen, Flechten und Algen. Sie sind daher keine eigentlichen Vorratsschädlinge. Einige Arten können aber auch an Getreidekörnern, Mehl, Müsli, getrockneten Pilzen, Kakao etc. fressen. Sie schädigen die Produktqualität durch ihren dunklen Kot. Beim Verzehr befallener Produkte und bei der Arbeit in stark befallenen Lagern können allergische Reaktionen auftreten. Meist sind die Schäden unbedeutend.

Regulierungsstrategien

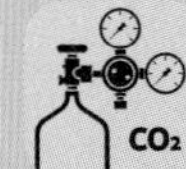

Vorbeugende Maßnahmen
- trockene Lagerung

Direkte Bekämpfung
- Reinigung und Trocknung befallener Produkte
- Doppelseitiges Klebeband und mit Kieselgur bestrichene Flächen stellen unüberwindbare Hindernisse für Staubläuse dar.
- sensibel gegenüber Hitzebehandlung zur Entwesung von Räumen oder Behältern und Maschinen

Milben (Acari)

Milben wie die Mehlmilbe sind nur mit dem Mikroskop (hier 60-fach vergrößert) erkennbar.

Mehlmilbe

Acarus siro L.
Familie: Vorratsmilben (Acaridae)

Merkmale Milbe
- weißes Spinnentier
- Länge 0,3–0,7 mm

Merkmale Befall
- helle, krümelige Staubschicht
- süßlicher Geruch

Nahrung
- feucht gelagerte, durch Insekten vorbefallene oder überlagerte Produkte

Mehlmilben sind nur mit dem Mikroskop erkennbare, achtbeinige Spinnentiere mit einem ovalen, glänzend weißen Körper und schwach violettfarbenen Beinen.

Lebensweise. Das Weibchen legt im Laufe seines bis 100-tägigen Lebens bis zu 1000 Eier, aus denen nach etwa einer Woche die Larven schlüpfen. Die Larve verursacht innerhalb von einer Woche einen relativ großen Fraßschaden, bevor sie sich über verschiedene Nymphenstadien zur geschlechtsreifen Milbe entwickelt. Die gesamte Entwicklungsdauer beträgt etwa zwei bis sechs Wochen. Unter optimalen Bedingungen kann sich die Population aber schon innerhalb einer Woche vervielfachen. Trockenheit und Nahrungsmangel führen zur Ausbildung von Dauernymphen.

Entwicklungsbedingungen
- 10–35 °C
- 75–85 % rel. Luftfeuchte

Schadbild. Neben Mehl und Getreide treten Milben an Kleie, Grieß, Haferflocken, Teigwaren, Fischmehl, Ölfrüchten, Trockenobst, getrockneten Futterpflanzen und Ähnlichem auf. Neben der aktiven Ausbreitung können Mehlmilben auch durch Insekten, Vögel und Fledermäuse eingeschleppt werden.

Betrachtet man Produkte ohne Mikroskop, so scheint es, als seien sie von einer hellen Staubschicht überzogen. Sie nehmen einen süßlichen bis minzigen Geruch und einen bitteren Geschmack an und werden krümelig. Bei Befallsverdacht kann man eine Produktprobe dünn auf einer dunklen Oberfläche verteilen. Nach einigen Minuten wird die Oberfläche durch die Bewegung der Milben rau und zunehmend krümelig. Eine Milbe kann sich etwa 25 mm weit in einer Minute fortbewegen.

Bedeutung. Getreide und Erzeugnisse werden durch Verunreinigungen mit Larvenhäuten, Kot und Toxinen sowie durch Milben übertragbare Bakterien und Pilze teilweise oder gänzlich ungenießbar sowie als Futter teilweise unbrauchbar. Der Verzehr befallener Produkte kann Darmerkrankungen, Ausschläge und Asthma auslösen. Bei Nutztieren drohen Fehlgeburten, bei Pferden Koliken. Befallene Produkte können nach einer Behandlung noch dem Futter für Mastschweine beigemengt werden. Der Keimling wird vernichtet und Mehl verliert seine Fähigkeit zu gehen. Bei Kontakt mit vermilbten Produkten können allergische Reaktionen auftreten. Ein Massenbefall von Milben kann wie ein Gleitmittel zum Beispiel zwischen Stapeln von Papiersäcken wirken und sie zum Zusammenstürzen bringen.

Durch Milbenbefall entstehen Wärmenester, in denen Milben vor Wintertemperaturen geschützt sind. Im Sommer können sich hohe Temperaturen von bis zu 50 °C entwickeln, die die ausgewachsenen Milben überstehen. Während der warmen Jahreszeit beschleunigt sich die Entwicklung, sodass es zu einem Massenbefall kommen kann.

Regulierungsstrategien

Vorbeugende Maßnahmen

- Absenken der Temperatur unter 5 °C
- gute Trocknung, trockene Lagerung und Regulierung vorratsschädlicher Insekten
- Konservierung von Futtergetreiden durch organische Säuren

Biologische Maßnahme

- die Raubmilbe *Cheyletus eruditus* erbeutet alle Entwicklungsstadien (z. Zt. nicht kommerziell verfügbar).

Direkte Bekämpfung

- Begasung mit Kohlendioxid. Die besonders widerstandsfähigen Dauernymphenstadien können eine Wiederholung der Behandlung nach etwa zwei Wochen erfordern.
- Anwendung von Kieselgur auf freien Flächen und in Leerräumen
- Milben sind sensibel gegenüber Hitzebehandlung zur Entwesung von Räumen oder Behältern und Maschinen.

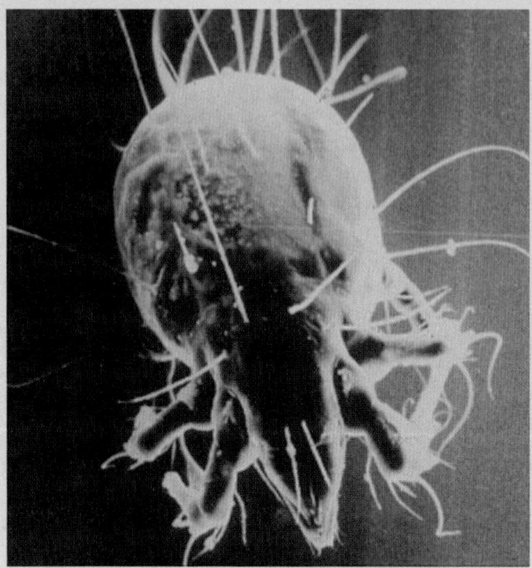

Modermilbe unter dem Rasterelektronenmikroskop fotografiert

Modermilbe

Modermilbe
Tyrophagus putrescentiae Schr.
Familie: Vorratsmilben (Acaridae)

Merkmale Tier
- weißes Spinnentier
- Länge 0,3–0,4 mm

Merkmale Befall
- helle, krümelige Staubschicht
- süßlicher Geruch

Nahrung
- feucht gelagerte, durch Insekten vorbefallene oder überlagerte Produkte
- fett- und eiweißreiche Waren

Modermilben sind nur mit dem Mikroskop erkennbare, achtbeinige Spinnentiere mit einem ovalen, glänzend weißen Körper und langer Behaarung.

Lebensweise. Die Modermilbe kann bei warmen Temperaturen bis zu 350 Eier legen. Die Larve verursacht innerhalb von einer Woche einen relativ großen Fraßschaden, bevor sie sich über verschiedene Nymphenstadien zur geschlechtsreifen Milbe entwickelt. Die Entwicklungsdauer beträgt drei Wochen bis drei Monate. Die Milbe bildet kein Dauernymphenstadium aus und ist dadurch empfindlicher gegenüber ungünstigen Umweltbedingungen als andere Arten. Bei 10 °C vermehrt sie sich nur langsam.

Entwicklungsbedingungen
- 10–50 °C
- 65 % rel. Luftfeuchte

Schadbild. Neben Mehl und Getreide treten Modermilben besonders an fett- und eiweißreichen Waren wie Fischmehl, Ölfrüchten und Trockenobst auf. Für eine Besiedelung benötigen sie über 13,5 % Kornfeuchte an Getreide beziehungsweise über 9 % Kornfeuchte an Ölfrüchten. Mehlmilben können sich aktiv ausbreiten, aber auch durch Insekten, Vögel und Fledermäuse eingeschleppt werden.

Mit dem bloßen Auge betrachtet scheint es, als seien die Produkte von einer hellen Staubschicht überzogen. Sie nehmen einen süßlichen bis minzigen Geruch und einen bitteren Geschmack an und werden krümelig. Bei Befallsverdacht kann man eine Produktprobe dünn auf einer dunklen Oberfläche verteilen. Nach einigen Minuten wird die Oberfläche durch die Bewegung der Milben rau und zunehmend krümelig. Eine Milbe kann sich etwa 25 mm in einer Minute fortbewegen.

Bedeutung. Getreide und Erzeugnisse werden durch Verunreinigungen mit Larvenhäuten, Kot und Toxinen teilweise oder gänzlich ungenießbar sowie als Futter teilweise unbrauchbar. Auch Bakterien und Pilze können durch die Milben übertragen werden. Der Verzehr befallener Produkte kann Darmerkrankungen, Ausschläge und Asthma auslösen. Bei Nutztieren drohen Fehlgeburten, bei Pferden Koliken. Befallene Produkte können nach einer Behandlung noch dem Futter für Mastschweine beigemengt werden. Der Keimling wird vernichtet und Mehl verliert seine Fähigkeit zu gehen. Bei Kontakt mit vermilbten Produkten können allergische Reaktionen auftreten. Ein Massenbefall von Milben kann wie ein Gleitmittel zum Beispiel zwischen Stapeln von Papiersäcken wirken und sie zum Zusammenstürzen bringen. Durch Milbenbefall entstehen Wärmenester, in denen Milben vor Wintertemperaturen geschützt sind. Im Sommer können dort hohe Temperaturen von bis zu 50 °C auftreten. Während der warmen Jahreszeit beschleunigt sich die Entwicklung, und es kann zu einem Massenbefall kommen.

Regulierungsstrategien

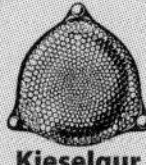

Vorbeugende Maßnahmen
- Absenken der Temperatur unter 5 °C
- gute Trocknung der Produkte: Getreide unter 13,5 %, Ölsaaten unter 9 % Kornfeuchte
- trockene Lagerung und Regulierung vorratsschädlicher Insekten
- Konservierung von Futtergetreiden durch organische Säuren

Direkte Bekämpfung
- Anwendung von Kieselgur auf freien Flächen und in Leerräumen
- Milben sind sensibel gegenüber Hitzebehandlung zur Entwesung von Räumen oder Behältern und Maschinen.

Mikroorganismen

Schadbild von Schwärzepilzen wie *Alternaria* oder *Cladosporium*

Pilze

Verschiedene Arten der Gattungen *Fusarium*, *Alternaria*, *Cladosporium*, *Drechslera*, *Epicoccum*, *Claviceps*, *Aspergillus*, *Penicillium*, *Mucor*

Merkmale
- Schmachtkörner
- weiße, grüne, braune oder schwarze Pilzbeläge
- Toxinbelastung nicht immer erkennbar

Substrat
- alle Getreide
- insbesondere Weizen, Vollkornprodukte
- insb. unter Maislieschen, Haferspelzen

Ein breites Spektrum an Pilzarten verursacht Infektionen im Getreideanbau, sowohl im Feld wie in der Lagerung. Im Getreideanbau treten unter anderen Pilze der Gattungen *Fusarium*, die Schwärzepilze *Alternaria*, *Cladosporium*, *Drechslera*, *Epicoccum* und der Mutterkorn-Pilz *Claviceps* auf. Sie lösen am Getreide Fuß- und Halmbasis-Erkrankungen, Wurzelvermorschungen und Ähren-Fusariosen aus. Im Lager können sich die oben genannten Pilze ab 20 % Restfeuchte weiterentwickeln.

Demgegenüber entwickeln sich Pilze der Gattungen *Aspergillus*, *Penicillium* und *Mucor* auch noch bei weniger als 16 % Restfeuchte. Sie stellen die typischen Lagerpilze dar, die auch ohne Feldbefall im Lager auftreten können.

Lebensweise. Im Vorratslager entwickeln sich Pilze und die von ihnen gebildeten Mykotoxine insbesondere durch den Befall mit Kornkäfern. Durch ihre Atmungsaktivität, aber auch durch andere Schädlinge und Kondensationspunkte bilden sich Feuchtenester, in deren Folge es zur Mykotoxinbildung kommt. Pilzsporen sind immer als Infektionsquelle auf den Ernteprodukten und in der Luft vorhanden, doch ihre Entwicklung ist abhängig von einer erhöhten Korn- bzw. Luftfeuchtigkeit. Pilzentwicklung fördert weiterhin einen Befall mit Milben, Staubläusen und Schimmelkäfern, die sich von dem Pilzgewebe ernähren.

Entwicklungsbedingungen
- Feldpilze: > 20 % Kornfeuchte
- Lagerpilze: > 14 % Kornfeuchte
- > 65 % rel. Luftfeuchte

Schadbild. Im Feld befallene Getreide bilden oft stark verkleinerte Schmachtkörner aus, doch auch Körner normaler Größe können stark belastet sein. Mit Fusarien befallene Schmachtkörner sind weiß bis leicht rötlich gefärbt, leichter und weicher als normale Körner. Schwärzepilze erkennt man an einem äußerlichen schwarzen Belag. Auch schrumpelig verdorbene Körner und das lange, schwarze Mutterkorn enthalten hohe Toxingehalte. Ein starker Befall ist durch Geschmacks- und Geruchsveränderung und Schimmelbelag von weißer, grünlicher, brauner oder schwarzer Farbe zu erkennen. Pilzbefall tritt vor allem unter den Lieschblättern von Maiskolben oder den Spelzen von Haferkörnern auf. An Weizen können sich Pilze auch im Lager verbreiten. Laboruntersuchungen zur Feststellung und genauen Bestimmung von Pilzbefall werden durch private Labore und Landesanstalten für Landwirtschaft angeboten. Durch die unterschiedliche Bespelzung der Getreide und den Befall durch die äußere Kornhülle stehen Weizen und Vollkornprodukte unter einem erhöhten Risiko der Mykotoxinbelastung.

Schadwirkung. Pilzbefall führt zur Bildung von giftigen Mykotoxinen mit Auswirkungen auf Back- und Brauqualität und erheblichen gesundheitlichen Risiken. Mykotoxine sind pilzliche Stoffwechselprodukte, zu denen mehr als 400 chemische Verbindungen zählen. In der EU gelten einheitliche Höchstmengen für Mykotoxine in Lebensmitteln, Futtermitteln und Futtermittelkomponenten.

Im Getreideanbau treten auch Pilze der Gattung *Fusarium* auf.

Das Mutterkorn *Claviceps* ist für den Menschen hochgiftig.

Der Köpfchenschimmel *Mucor* ist ein typischer Lagerpilz.

Beispiele für Pilzgattungen und Mykotoxine:

- *Aspergillus, Penicilium*: Aflatoxine, Ochratoxine, Sterigmatocystin, Cyclopiazonsäure, Citrinin
- *Fusarium*: Trichothecene (DON, NIV, T-2, HT-2, DAS), Zearalenon, Fumonisine, Moniliformin
- *Alternaria*: weniger gefährliche Toxine, z. B. Alternariol
- *Epicoccum, Drechslera*: keine toxische Wirkung beschrieben

Mykotoxine können bei Aufnahme kontaminierter Lebens- und Futtermittel durch Menschen oder Nutztiere bereits in sehr geringen Mengen toxische Wirkungen und eine als Mykotoxikose bezeichnete Erkrankung hervorrufen. Sie können:

- Krebs, Mutationen und Missbildungen auslösen (Aflatoxine, Ochratoxine, Sterigmatocystin und Fumonisine),
- das Hormonsystem beeinflussen (Zearalenon),
- Blutungen hervorrufen, die Haut und Zellen schädigen (Trichothecene),
- das Immunsystem beeinträchtigen (Aflatoxine, Trichothecene und Ochratoxine),
- Nierenschäden verursachen (Ochratoxin A, Citrinin) und
- das Nervensystem angreifen (Penitrem, Ergotalkaloide, Trichothecene).
- Zudem können Landwirte, Verarbeiter und Nutztiere belastete Stäube einatmen und allergisch darauf reagieren.

Regulierungsstrategien

Vorbeugende Maßnahmen

- Vorbeugung von Pilzinfektionen im Anbau
- Kontrolle des Schmutzanteils und Schädlingsbesatzes nach der Ernte
- Sofortige und zügige Trocknung, Kühlung und Nachreinigung des Ernteguts
- optimale Lagerung, Vermeidung von Insektenbefall
- Konservierung von Futtergetreiden mittels organischer Säuren

Direkte Bekämpfung der Toxizität in Futtermitteln

Im Lager ist eine Kontrolle der Pilzentwicklung nur über die Lagerbedingungen möglich. Eine entstandene Verunreinigung mit Pilzgiften kann durch verschiedene Maßnahmen reduziert werden, um Grenzwerte zu unterschreiten:

- Das Herausreinigen von Schmachtkörnern: Abtrennung der ca. 20 % leichteren Samen durch Steigsichter kann Mykotoxingehalte um 10 bis 40 % reduzieren.
- Bei Hafer kann die Entfernung von Spelzen und Schmachtkörnern eine Kontamination bereinigen.
- Nach mikrobiologischer Untersuchung als moderat belastet befundene Partien können Futtermischungen in geringen Anteilen beigemischt, also „verschnitten" werden.
- Bierhefen können im Ökologischen Landbau zur Entgiftung von mit Mykotoxinen belasteten Futtermitteln eingesetzt werden. Sie bauen die Toxine enzymatisch ab und verbessern den Vitamin- und Aminosäuregehalt des Futters.

Nagetiere (Rodentia)

Hausmäuse sind besonders in der Dämmerung und der Nacht aktiv.

Hausmaus und andere Mäuse

Mus musculus L.
Familie: Langschwanzmäuse (Muridae)

Merkmale
- Länge ohne Schwanz: 7–11 cm
- Kotpillen: 3–5 mm lang
- Nagespuren mit Zahnabstand 2 mm

Die Hausmaus ist von schiefergrauer bis braungrauer Fellfarbe mit einer etwas helleren Bauchseite. Der Schwanz ist spärlich behaart und etwa körperlang. Die spitze Schnauze ist mit langen Tasthaaren besetzt, die Ohren sind relativ groß, die Augen klein. Mäuse können gut klettern, springen und auch schwimmen. Sie sind besonders in der Dämmerung und nachts aktiv.

Entwicklungsbedingungen
- etwa 10 m im Umkreis der Futterquelle
- Nistmöglichkeit und Nistmaterial
- ab und zu Trinkwasser oder feuchte Nahrung

Lebensweise. Die Mausweibchen erreichen mit sechs bis acht Wochen die Geschlechtsreife und haben eine Tragezeit von knapp drei Wochen. Sie werfen im Jahr bis zu zehn Würfe mit etwa sechs Jungen. Hausmäuse vermehren sich im Freiland im Sommerhalbjahr, in Gebäuden auch ganzjährig, sodass sich die Population im Laufe einer Saison um das 10- bis 15-fache vergrößern kann. Die Lebenserwartung reicht von drei Monaten bis etwa anderthalb Jahren. Besonders in kalten Wintern ist die Sterblichkeit hoch.

Die Allesfresser treten im Sommer auch im Freiland auf und fressen Samen von Wild- und

Kulturpflanzen. Sie sind aber sonst an den Menschen und die vorhandenen Gebäude und Futterquellen gebunden. Hausmäuse haben einen Aktionsradius von wenigen Metern und nisten in direkter Nähe zur Futterquelle.

Schadbild. Hinterlassene Exkremente sind meist erste Befallsanzeichen. Frische Kotpillen weisen auf einen aktuellen Befall, Kotpillen verschiedener Größe auf eine Vermehrung hin. Die Nagespuren weisen einen Abstand von knapp 2 mm zwischen den beiden Zahnrillen auf. In Staubschichten oder gezielt ausgebrachter Mehlbestäubung an verdächtigten Befallsstellen lassen sich Fußspuren feststellen, die deutlich kleiner als die der Ratten sind.

Bedeutung. Hausmäuse zählen zu den wichtigsten Schadnagern in Siedlungen. Ihr Bestand ist aber seit vielen Jahren rückläufig. Sie vernichten und verunreinigen Lagergüter mit Exkrementen und machen sie ungenießbar. Verschiedene Krankheiten (Hantaviren und Bakterien sowie Pilze und Würmer) können übertragen werden. Das Vorhandensein von Kot und Nestern begünstigt zudem das Auftreten von Speckkäferarten. Mäuse beschädigen auf der Suche nach Nistmaterial Verpackungen, Dämmungen und andere Materialien. Sie nagen auch an Kabeln.

Ähnliche Art. Die Waldmaus ist graubraun mit deutlich weißem Bauch und hat große Augen und sehr große Ohren. Sie ist nur im Winter gelegentlich in Gebäuden und an Vorräten zu finden.

Regulierungsstrategien

Vorbeugende Maßnahmen
- Verbesserung der baulichen Bedingungen
- Unterschlupfmöglichkeiten im Umfeld und Nistmöglichkeiten im Lager beseitigen
- Hunde und Katzen auf dem Gelände können bei geringem Befall und zuwandernden Tieren nützliche Nagerjäger sein. Sie sollten sich jedoch wegen des Risikos von Toxoplasmoseübertragungen und aufgrund von Hygienevorschriften nicht direkt im Lager aufhalten.

Direkte Maßnahmen
- Bekämpfung mit Fallen: Bei geringem Befall, zuwandernden Tieren und im Ökolandbau. Mausefallen müssen in größerer Zahl verteilt werden als Rattenfallen, da Mäuse in ihrem Fraßverhalten und den genutzten Wegen variabler sind.
- Bei etablierten Populationen kann eine chemische Bekämpfung nötig werden.

Wanderratten sind in Deutschland weit verbreitet.

Ratten

Wanderratte, *Rattus norvegicus* (Berk.)
Hausratte, *Rattus rattus* (L.)
Familie: Langschwanzmäuse (Muridae)

Merkmale
- Länge ohne Schwanz: 18–25 cm
- Kotbällchen: 8–20 mm lang
- Hausratte kleiner als Wanderratte
- Nagespuren mit Zahnabstand 4 mm
- Schmierspuren an Wegen

In Deutschland treten weit verbreitet Wanderratten und nur in wenigen Regionen auch Hausratten auf. Die Wanderratte hat eine gedrungene Körper- und eine stumpfe Schnauzenform. Das Fell ist rotbraun bis schwarzbraun, mit einer hellen Bauchseite und Schwanzunterseite. Der Schwanz ist gleich bis weniger lang als der Körper. Die Hausratte ist schlanker, mit spitzerer Schnauze und großen Augen und Ohren. Ihre Fellfarbe ist meist dunkler, der Schwanz mehr als körperlang. Ratten können sich schon durch 2 cm große Löcher zwängen, sehr gut klettern und hoch und weit springen. Sie kommen daher auch in scheinbar geschlossenen Räumen vor.

Lebensweise. Die Rattenweibchen erreichen mit vier Monaten die Geschlechtsreife und haben eine Tragezeit von nur drei Wochen. Die Wanderratte wirft sechs bis acht Würfe mit jeweils bis zu elf Jungen, die Hausratte vier bis fünf Würfe mit jeweils bis zu 16 Jungen in ihrem etwa zweieinhalbjährigen Leben. Bei guter Futterverfügbarkeit und Witterungsschutz ist eine ganzjährige Fortpflanzung möglich.

Die Wanderratte lebt in Gruppen von bis zu 60 Tieren mit einer sozialen Hierarchie. In Gebäuden nutzen die Ratten vorhandene Schlupfwinkel und haben ein festes Wegenetz an Wänden entlang, nisten aber häufig in Erdbauten im Freien. Sie können auch an Gewässern oder

Unter dem Getreidesilo gelagertes Gerümpel bietet Ratten und Mäusen Verstecke und Nistmöglichkeiten.

Müllplätzen leben und sind gute Schwimmer und Taucher. Kanalisation und Regenrohre werden von den Tieren genutzt, um sich Zutritt zu Gebäuden zu verschaffen.

Die Hausratte lebt in Verbänden von weniger als 40 Tieren. Sie bevorzugt trockene und warme Lebensräume und verbringt den Großteil des Jahres in Gebäuden. Als guter Kletterer bewohnt sie gerne höhere Stockwerke und Dachstrukturen.

Schadbild. Hinterlassene Exkremente sind meist erste Befallsanzeichen. Frische Kotbällchen weisen auf einen aktuellen Befall, Kotbällchen verschiedener Größe auf eine Vermehrung der Ratten hin. Nagespuren weisen einen Abstand von etwa 4 mm zwischen den beiden Zahnrillen auf. Wegenetze in Gebäuden können durch Schmierspuren sichtbar werden. An Wegen im Freien ist häufig die Grasnarbe beschädigt. In Staubschichten oder gezielt ausgebrachter Mehlbestäubung an verdächtigten Befallsstellen lassen sich Fußspuren feststellen, im Fall der Wanderratte auch die Schleifspur des über den Boden gezogenen Schwanzes.

Bedeutung. Ratten vernichten und verunreinigen Lagergüter mit Exkrementen und machen sie ungenießbar. Eine Ratte frisst im Jahr mehr als 40 kg Getreide. Verschiedene Krankheiten wie Hantaviren und Bakterien sowie Pilze und Würmer können übertragen werden. Das Vorhandensein von Kot und Nestern begünstigt zudem das Auftreten von Speckkäferarten. Ratten verursachen schwere Beschädigungen an Verpackungen, Materialien, Dämmungen, Gebäudeteilen und Ähnlichem. Wanderratten können Metalle und Kabel beschädigen. Sie sind weit verbreitet und siedeln sich überall an, wo sich ein Unterschlupf nahe einer Futterquelle befindet. Da demgegenüber die Hausrattenpopulationen besonders in Westdeutschland stark zurückgegangen sind, sind Hausratten auf der Roten Liste der gefährdeten Arten gelistet.

Regulierungsstrategien

Vorbeugende Maßnahmen

- Verbesserung der baulichen Bedingungen
- Unterschlupfmöglichkeiten im Umfeld und Nistmöglichkeiten im Lager beseitigen.
- Hunde und Katzen auf dem Gelände können bei geringem Befall und zuwandernden Tieren nützliche Nagerjäger sein. Sie sollten sich jedoch wegen des Risikos von Toxoplasmoseübertragungen und aufgrund von Hygienevorschriften nicht direkt im Lager aufhalten.

Direkte Maßnahmen

- Bekämpfung mit Fallen: bei geringem Befall, zuwandernden Tieren und im Ökolandbau
- Bei etablierten Populationen kann eine chemische Bekämpfung nötig werden.

Nützlinge

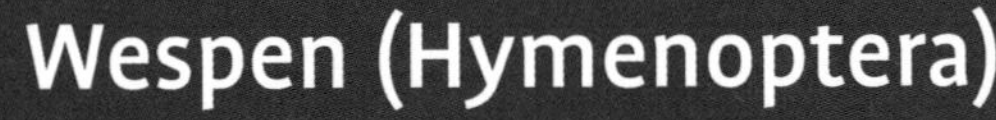

Wespen (Hymenoptera)

Mehlmotten-Schlupfwespe, adultes Männchen

Mehlmotten-Schlupfwespe

Habrobracon hebetor (Say)
Synonym: *Bracon hebetor*
Familie: Brackwespen (Braconidae)

Die Mehlmotten-Schlupfwespe *Habrobracon hebetor* (Say) ist 3–4 mm lang und fällt durch ihre schwarz-gelbe Färbung, den breiten Kopf und die wenig ausgeprägte Wespentaille auf. Am Hinterleibsende des Weibchens findet sich eine leicht hervorstehende Legeröhre. Die Männchen haben vergleichsweise längere Fühler.

Lebensweise. Die Wirtsraupen werden anhand des Geruchs ihrer Gespinste aufgespürt, angestochen und gelähmt. Dadurch werden die Weiterentwicklung und Fraßaktivität sofort unterbrochen. Mehrere Eier werden außen an den Wirtsraupen abgelegt. Die höchste Vermehrungsrate wird bei 30 °C erreicht. An einer großen Zünslerraupe entwickeln sich etwa fünf Parasitoide. Insgesamt legt ein Weibchen in seinem rund dreiwöchigen Leben 60–80 Eier. Die Wespenlarven saugen die Wirtsraupe von außen her aus und verpuppen sich dann in einem Kokon in geringer Entfernung. Der Lebenszyklus vom Ei zur ausgewachsenen Wespe dauert bei 30 °C etwa zehn Tage, bei gemäßigteren Temperaturen länger. In warmen Lagern entwickeln sich die Mehlmotten-Schlupfwespen ganzjährig. In ungeheizten Lagern können sie als Puppen und ausgewachsene Wespen überwintern und sich so dauerhaft etablieren.

Parasitierte Schädlinge. Die Mehlmotten-Schlupfwespe parasitiert Mottenlarven ab dem zweiten Entwicklungsstadium, insbesondere von Zünslern. Auch Mottenlarven anderer Familien sowie die in der Bienenhaltung schädlichen Wachsmotten können angegriffen werden.

Parasitiert werden insbesondere
- Dörrobstmotte
- Mehlmotte
- Speichermotte, Tropische Speichermotte
- Reismotte

Besondere Bedeutung hat die Bekämpfung der Diapauselarven der Dörrobst- und Speichermotten im Frühling und Herbst, wenn die Temperaturen 16 °C betragen.

Die Mehlmotten-Schlupfwespe kann fliegen und erreicht so auch Mottenraupen (Wanderlarven) im Deckenbereich.

Einsatzbereiche. Möglich sind die Leeraumbehandlung und der Einsatz in Anwesenheit von Vorratsgütern, d. h. bei verpackten Waren und im Schüttgut. In Getreideschüttungen kann die Schlupfwespe mindestens 30 cm (Roggen) bzw. 14 cm (Reis) tief eindringen, aber nur selten in Verpackungen wie Jutesäcke (im Gegensatz zu Erzwespen) und nicht in Papiersäcke. In Mühlen und Bäckereien kann sie auch in Bereichen mit Mehlablagerungen wirksam eingesetzt werden.

Die Mehlmotten-Schlupfwespe ist relativ tolerant gegenüber Tabak und kann in Tabaklagern gegen die Speichermotte eingesetzt werden.

Kombination mit anderen Maßnahmen. Nach einer Gebäudebegasung kann die Mehlmotten-Schlupfwespe prophylaktisch gegen Neubefall eingesetzt werden. Kontaktinsektizide gegen Mottenfalter (Vernebelung) töten auch Schlupfwespen ab. Zeitlich versetzt ist eine Kombination dagegen möglich, z. B. letzte Vernebelung im August und Einsatz der Mehlmotten-Schlupfwespe gegen Diapauselarven im Oktober. Sie kann mit der Eier parasitierenden Zwergwespe kombiniert werden. Dies beschleunigt die biologische Bekämpfung.

Einsatzbedingungen
- Der maximale Aktionsradius beträgt 20 m². Empfohlen werden 30 Wespen pro 10 Quadratmeter.
- Eiablage bei 16–30 °C
- Zur Vorbeugung im Ansiedlungsverfahren (inokulative Bekämpfung): eine Wespe je vier Schädlingslarven. Die Wespen bauen ihre Population im Lager langsam auf, und die nachfolgenden Generationen kontrollieren langfristig die Schädlinge.
- Bei kühlen Temperaturen werden erwachsene Mehlmotten-Schlupfwespen (Imagines) ausgebracht. Ab 20 °C können auch Puppen ausgebracht werden, sodass die Nützlinge erst vor Ort schlüpfen.

Zwergwespe, adultes Weibchen

Zwergwespe

Trichogramma evanescens Westwood
Familie: Zwergwespen (Trichogrammatidae)

Die Zwergwespe *Trichogramma evanescens* ist 0,3 mm lang und dunkelbraun mit roten Augen. Die Vorderflügel sind kurz und breit, die Hinterflügel schmal und gefranst. Der Körper ist gedrungen, ohne erkennbare Wespentaille. Die Weibchen haben breit spindelförmige Fühler, die der Männchen sind stielförmig und tragen lange Borsten.

Lebensweise. Die Motteneier werden durch die Weibchen beim Belaufen von Oberflächen zufällig gefunden, wobei Flächen mit den Schuppen der Mottenfalter intensiver abgesucht werden. Die Motteneier werden vermessen und je nach Eigröße werden 1–30 Eier abgelegt, bei vorratsschädlichen Motten in der Regel ein Ei. Parasitierte Wirtseier verfärben sich dunkel. Die Larve der Zwergwespe entwickelt sich schnell im Mottenei, und auch die Verpuppung findet im Innern des Motteneies statt. Nach sieben bis zwölf Tagen beißt sich die junge Zwergwespe dann ein Loch in die Motteneischale und schlüpft. Die Weibchen können sich auch von der Flüssigkeit der Motteneier ernähren. Ohne verfügbare Wirte verhungern sie innerhalb von ein bis acht Tagen (schneller bei höheren Temperaturen). Die höchste Vermehrungsrate wird bei 35 °C erreicht. Insgesamt legt ein Weibchen in seinem etwa einwöchigen Leben circa 100 Eier. Der Lebenszyklus vom Ei zur ausgewachsenen Wespe dauert bei 27 °C etwa sieben Tage, bei gemäßigteren Temperaturen länger. Die Zwergwespen etablieren sich nicht in Lagern.

Parasitierte Arten. Die Zwergwespe parasitiert die Eier einer Vielzahl von Motten. Im Vorratsschutz sind dies die folgenden Arten:

Parasitierte Arten
- Dörrobstmotte
- Mehlmotte
- Speichermotte
- Tropische Speichermotte
- Dattelmotte
- Reismotte
- Getreidemotte
- Kornmotte
- Samenmotte

Besondere Bedeutung hat der prophylaktische Einsatz zum Schutz verpackter Vorräte vor Befall. Die Zwergwespe fliegt nicht im Lager, sodass die Freilassungseinheiten in direkter Nähe der zu schützenden Vorräte platziert werden müssen.

Einsatzbereiche. Auf glatten Oberflächen legen die Zwergwespen eine Strecke von mindestens 14 m vom Freilassungsort aus zurück. In Bereichen mit Mehl- oder Staubablagerungen ist die Ausbreitung begrenzt. Hier wird eine Einheit (1000 Zwergwespen pro Woche) pro Quadratmeter empfohlen. Im Schüttgut ist das Bekämpfungspotenzial begrenzt. Die Wirksamkeit liegt hier in der Regel nur bei 15 bis 30 %.

Kombination mit anderen Maßnahmen. Die Zwergwespen sind empfindlich gegenüber Tabak und sterben hier ab. Kontaktinsektizide gegen Mottenfalter (Vernebelung, Verdunstung) töten auch Zwergwespen ab. Selbst Pyrethrumprodukte sind in dunklen Räumen noch drei Monate lang aktiv. Zeitlich versetzt ist eine Kombination mit Gasen möglich, d. h. Begasung, Belüftung und anschließende Freilassung der Zwergwespen.

Für Anwendungen im Vorratsschutz werden für die Zucht der Zwergwespe sterilisierte Motteneier verwendet, aus denen keine Mottenraupen schlüpfen können.

Einsatzbedingungen
- Eiablage bei 15–38 °C
- Auf Regalen werden je nach Regalhöhe ein bis zwei Ausbringungseinheiten (1000 Zwergwespen pro Woche) pro laufenden Regalmeter empfohlen, bei einzeln stehenden Regalen zwei bis vier Einheiten.
- Die Zwergwespen schlüpfen bei den meisten Ausbringungseinheiten gestaffelt aus, sodass über zwei, drei oder vier Wochen Zwergwespen aktiv sind. Nach dieser Zeit sind keine lebenden Zwergwespen mehr zu erwarten. Soll die Bekämpfung fortgesetzt werden, sind die Ausbringungseinheiten zu erneuern.
- Von Frühling bis Herbst beträgt der Bekämpfungszeitraum acht bis neun Wochen ab dem ersten Mottenflug (Pheromonfalle zur Überwachung einsetzen).
- Zwergwespen dringen in Jutesäcke und bestimmte Kartonverpackungen ein, aber nicht in dichte Papier- oder Plastikverpackungen.
- Zwergwespen eignen sich zum vorbeugenden Schutz verpackter Produkte vor Mottenbefall, da Motten ihre Eier oft von außen an Verpackungen legen und erst die Larven durch die Materialien eindringen.
- Die Zwergwespe kann mit dem Larvalparasitoid Mehlmotten-Schlupfwespe kombiniert werden. Dies beschleunigt die biologische Bekämpfung.

Mehlmotten-Ichneumon, adultes Weibchen

Mehlmotten-Ichneumon

Venturia canescens (Gravenhorst)
Familie: Schlupfwespen (Ichneumonidae)

Der Mehlmotten-Ichneumon ist 5 bis 7 mm lang. Der Vorderkörper ist schwarz, der Hinterleib teilweise rot gefärbt. Auffällig sind die für die Gruppe der Echten Schlupfwespen typische schmale Taille und der lang herausragende Legebohrer für die Eiablage. Die Flügel sind durchsichtig und die Fühler sehr lang. In Mitteleuropa gibt es nur Weibchen. Die Fortpflanzung erfolgt durch eine spezielle Art der Jungfernzeugung. Sexuell reproduzierende Populationen finden sich in Südeuropa.

Lebensweise. Der Mehlmotten-Ichneumon kann sich in einer Reihe vorratsschädlicher Mottenlarven entwickeln, insbesondere Zünsler-, aber auch Wachsmottenlarven. In Mitteleuropa tritt diese Schlupfwespe natürlicherweise vor allem gemeinsam mit der Mehlmotte auf. Die Wirtsraupen werden anhand des Geruchs ihrer Gespinste aufgespürt. Das Weibchen legt je ein Ei in eine Wirtsraupe, die sich zunächst normal weiterentwickelt. Die Wespenlarve schlüpft und entwickelt sich in ihrem Inneren. Sie tötet den Wirt erst, nachdem dieser sich einen Kokon zur Verpuppung angefertigt hat, und verpuppt sich in diesem. Die junge Schlupfwespe sucht sofort nach neuen Wirtsraupen.

Der Lebenszyklus vom Ei zur ausgewachsenen Wespe dauert bei 27 °C etwa drei Wochen, bei gemäßigteren Temperaturen länger. In warmen Lagern entwickeln sich die Mehlmottenschlupfwespen ganzjährig, in ungeheizten Lagern können sie überwintern und sich dauerhaft etablieren.

Eine Schlupfwespe kann bis zu 100 Raupen parasitieren. Mithilfe ihres Legebohrers kann sie auch Larven in Verpuppungskokons und in Gespinsten erreichen, solange diese sich in den oberen Millimetern des Lagerguts befinden.

Ältere Larvenstadien werden aufgrund ihrer Mobilität eher angetroffen und häufiger parasitiert als kleinere, tief im Substrat verborgene Larven.

Parasitierte Arten. Der Mehlmotten-Ichneumon parasitiert Mottenlarven ab dem zweiten Entwicklungsstadium, insbesondere von Zünslern. Auch Eilarven werden angestochen und somit abgetötet. In ihnen entwickeln sich aber keine Nachkpommen der Schlupfwespen. Auch Mottenlarven anderer Familien sowie die in der Bienenhaltung schädlichen Wachsmotten können angegriffen werden.

Parasitierte Arten
- Dörrobstmotte
- Mehlmotte
- Speichermotte, Tropische Speichermotte
- Reismotte

Mehlmotten-Ichneumon bei der Parasitierung einer Mehlmottenlarve

Einsatzbereiche. Der Mehlmotten-Ichneumon kann gut fliegen und erreicht so auch Mottenraupen (Wanderlarven) im Deckenbereich. Einsatzbereiche sind die Leerraumbehandlung und der Einsatz in Anwesenheit von Vorratsgütern, d. h. bei verpackten Waren und im Schüttgut.

Kombination mit anderen Maßnahmen. Nach einer Mühlenbegasung kann der Mehlmotten-Ichneumon prophylaktisch gegen Neubefall eingesetzt werden. Gegen Kontaktinsektizide ist die Puppe des Mehlmotten-Ichneumons gut geschützt. Gegen eine Reihe von Wirkstoffen ist sie toleranter als die Mehlmotte. Der erwachsene Mehlmotten-Ichneumon wird bei einer Vernebelung abgetötet.

Einsatzbedingungen
- Eiablage bei 18–30 °C
- Zur Vorbeugung im Ansiedlungsverfahren (inokulative Bekämpfung) geeignet. Die Schlupfwespen bauen leicht eine Population im Lager auf, da alle Individuen vermehrungsfähige Weibchen sind. Die nachfolgenden Generationen kontrollieren langfristig die Schädlinge.
- In Mühlen und Bäckereien kann der Mehlmotten-Ichneumon auch in Bereichen mit Mehlablagerungen wirksam eingesetzt werden.
- Durch die Maschen von Verpackungen wie Jutesäcken kann die Schlupfwespe innen angesponnene Raupen erreichen. Bei Papiersäcken ist das nicht möglich.
- In Getreideschüttungen können nur Raupen an der Oberfläche parasitiert werden.
- Eine Kombination ist mit Zwergwespen sowie der Mehlmotten-Schlupfwespe möglich, sodass die biologische Bekämpfung beschleunigt wird. Durch die schnelle Vermehrung und die Fähigkeit in Getreideschüttungen einzudringen kann *Habrobracon hebetor* dichte Ansammlungen von Mottenlarven gut kontrollieren. Dagegen spürt *V. canescens* auch einzelne verstreute Larven in weniger stark befallenen Produkten und Lagern auf.

Lager-Erzwespe beim Anstechen eines Weizenkorns

Lager-Erzwespe

Lariophagus distinguendus (Förster)
Familie: Erzwespen (Pteromalidae)

Die Lager-Erzwespe *Lariophagus distinguendus* (Förster) ist 1,5 bis 3,3 mm lang und glänzend schwarz gefärbt. Die Beine sind ab den Schenkelringen gelblich braun gefärbt. Der Körper wirkt gedrungen. Auffällig ist der stark gewölbte Kopfschild, der gut in Seitenansicht des Kopfes zu sehen ist. Weibchen sind in der Regel größer als Männchen.

Lebensweise. Das Weibchen parasitiert zur Fortpflanzung vor allem Käferlarven und frühe Puppen verschiedener Arten, vorausgesetzt, sie befinden sich im Inneren eines Getreidekorns oder im Inneren eines Verpuppungskokons. Vor der Eiablage betastet das Weibchen die einzelnen Getreidekörner von allen Seiten mit seinen Fühlern und sucht nach darin befindlichen geeigneten Wirtslarven. Die Käferlarven werden mit einem Stich des Legebohrers paralysiert (gelähmt). Anschließend legt das Wespenweibchen sein eigenes Ei neben die Käferlarve ab. Die schlüpfende Wespenlarve ernährt sich von der gelähmten Käferlarve und verpuppt sich. Die frisch geschlüpfte Jungwespe nagt ein Loch in das Getreidekorn bzw. den Wirtskokon und verlässt ihn. Das Loch im Getreidekorn ist kleiner als das, das der Wirtskäfer beim Schlupf nagt.

Parasitierte Arten. Die Lager-Erzwespen parasitieren Larven eines breiten Spektrums an Vorratsschädlingen.

Parasitierte Arten
- Rüsselkäfer (Kornkäfer, Reiskäfer, Maiskäfer)
- Nagekäfer (Brotkäfer, Tabakkäfer)
- Bohrkäfer (Getreidekapuziner, Großer Kornbohrer)
- Diebkäfer (Kugelkäfer, Messingkäfer, Kräuterdieb)
- Getreidemotte, *Sitotroga cerealella*, und
- Samenkäfer (Speisebohnenkäfer, Arten der Gattung *Callosobruchus*)
- Auch Samenkäfer der Gattung *Bruchus* (Erbsenkäfer, Linsenkäfer und andere) werden parasitiert. Gegen sie ist aber kein Nützlingseinsatz im Lager nötig.

Einsatzbereiche. Im Getreidelager wird ein prophylaktischer Einsatz vier Wochen nach Einlagerung des Getreides empfohlen, wenn dieses aus Anbau in Mitteleuropa stammt. Je nach Witterung können dann im Herbst im monatlichen Abstand weitere Freilassungen erfolgen. Im Frühjahr sollte die Lager-Erzwespe noch einmal eingesetzt werden, wenn die Temperaturen wieder 15–18 °C betragen.

Weitere Einsatzbereiche sind die Leeraumbehandlung und der Einsatz in Anwesenheit von Vorratsgütern, d. h. bei verpackten Waren gegen Schadkäfer, die sich an Reinigungsschwachpunkten außerhalb des Produkts entwickeln.

Die Lager-Erzwespe kann in Verpackungen wie Jutesäcke und eventuell in Bigbags eindringen, nicht aber in Papiersäcke.

Kombination mit anderen Maßnahmen. Die Lager-Erzwespe ist relativ tolerant gegenüber sekundären Pflanzenstoffen und kann in Tee- und Gewürzlagern gegen den Brotkäfer und in Tabaklagern gegen den Tabakkäfer eingesetzt werden.

Kontaktinsektizide töten auch Lager-Erzwespen ab. Eine Kombination ist mitunter möglich, z. B. bei chemischer Leerraumbehandlung und Einsatz der Lager-Erzwespen auf dem geschütteten Getreide oder bei Begasung von Säcken und Leeraumbehandlung mit Lager-Erzwespen nach der Belüftung.

Einsatzbedingungen
- Parasitierung bei 12–35 °C
- Lager-Erzwespen sind flugfähig.
- In das geschüttete Getreide dringt die Lager-Erzwespe mindestens 4 m tief ein, auch die horizontale Ausbreitung beträgt mindestens 4 m.
- Zur Vorbeugung im Ansiedlungsverfahren (inokulative Bekämpfung): 30 Wespen je 15 t Getreide bauen die Population im Lager langsam auf. Die nachfolgenden Generationen kontrollieren langfristig die Schädlinge.
- Da sich die adulten Tiere außerhalb des Korns aufhalten, werden sie mit normalen Reinigungsverfahren problemlos aus den Produkten entfernt.
- Im Leerraum beträgt der Aktionsradius 10 m² um den Freilassungspunkt. Empfohlen werden 30 Wespen auf dieser Fläche.
- Es werden erwachsene Lager-Erzwespen (Imagines) ausgebracht. In Entwicklung sind auch Zuchtboxen für das Lager.
- Die Lager-Erzwespe kann mit der Maiskäfer-Erzwespe *Anisopteromalus calandrae* kombiniert werden, die eine ähnliche Lebensweise aufweist. Das beschleunigt die biologische Bekämpfung bei höheren Temperaturen.

Getreideplattkäfer-Wespchen bei der Parasitierung einer Getreideplattkäfer-Larve

Getreideplattkäfer-Wespchen

Cephalonomia tarsalis (Ashmead)
Familie: Ameisenwespchen (Bethylidae)

Das Getreideplattkäfer-Wespchen *Cephalonomia tarsalis* (Ashmead) ist 2 bis 3 mm lang und fällt durch seine schlanke Gestalt, die transparenten Flügel ohne erkennbare Äderung und die glänzend schwarze Färbung auf. Die Weibchen sind in der Regel größer, und die Männchen haben vergleichsweise längere Fühler.

Lebensweise. Die Getreideplattkäfer-Larven werden anhand ihres Geruchs aufgespürt, überwältigt, angestochen und gelähmt. Dadurch werden ihre Weiterentwicklung und Fraßaktivität sofort unterbrochen. Mehrere Eier werden außen an die Wirtslarven abgelegt. Die Wespenweibchen können sich auch von der Körperflüssigkeit der Käferlarven ernähren.

Die höchste Vermehrungsrate wird bei 27 °C erreicht. Der Lebenszyklus vom Ei bis zur ausgewachsenen Wespe dauert bei dieser Temperatur etwa 13 Tage, bei 21 °C 26 Tage. Insgesamt legt ein Weibchen 50 bis 115 Eier.

Die Wespenlarve saugt die Käferlarve von außen her aus und verpuppt sich dann in einem Kokon in geringer Entfernung. Es entwickeln sich etwas mehr Weibchen als Männchen. Bei 25–30 °C leben die Weibchen etwa 40 Tage. In warmen Lagern entwickeln sich die Getreideplattkäfer-Wespchen ganzjährig. In ungeheizten Lagern können sie als Puppen und ausgewachsene Wespen überwintern und sich so dauerhaft etablieren

Parasitierte Arten. Die Getreideplattkäfer-Wespchen parasitieren Getreideplattkäfer-Larven ab dem zweiten Entwicklungsstadium. Außerdem werde die Larven des Erdnussplattkäfers parasitiert.

Parasitierte Arten
- Getreideplattkäfer
- Erdnussplattkäfer

Einsatzbereiche. Im Getreidelager wird ein prophylaktischer Einsatz des Wespchens vier Wochen nach Einlagerung des Getreides empfohlen, wenn es aus Anbau in Mitteleuropa stammt. Je nach Witterung können dann im Herbst im monatlichen Abstand weitere Freilassungen erfolgen. Im Frühjahr sollte das Getreideplattkäfer-Wespchen noch einmal eingesetzt werden, wenn die Temperaturen wieder 18 °C betragen.

Weitere Einsatzbereiche sind die Leeraumbehandlung und der Einsatz in Anwesenheit von Vorratsgütern, d.h. bei verpackten Waren gegen Schadkäfer, die sich an Reinigungsschwachpunkten außerhalb des Produkts entwickeln. Dies können Getreiderückstände, oder im Fall des Erdnussplattkäfers Schokoladenabrieb sein. Das Getreideplattkäfer-Wespchen kann in Verpackungen wie Jutesäcke und eventuell in BigBags eindringen, nicht aber in Papiersäcke.

Kombination mit anderen Maßnahmen. Kontaktinsektizide töten auch die Wespchen ab. Eine Kombination ist mitunter möglich, z.B. bei chemischer Leeraumbehandlung und Einsatz der Getreideplattkäfer-Wespchen auf das geschüttete Getreide, oder bei Begasung von Säcken und Leeraumbehandlung mit den Nützlingen nach der Belüftung.

Einsatzbedingungen
- Parasitierung bei 18–35 °C.
- Getreideplattkäfer-Wespchen sind flugfähig.
- Zur Vorbeugung im Ansiedlungsverfahren (inokulative Bekämpfung): 30 Wespen je 15 t Getreide bauen eine Population im Lager langsam auf.
- Da sich die adulten Tiere außerhalb des Korns aufhalten, werden sie mit normalen Reinigungsverfahren problemlos aus den Produkten entfernt.
- Im Leerraum beträgt der Aktionsradius 10 m² um den Freilassungspunkt. Empfohlen werden 30 Wespen auf diese Fläche

Speckkäfer-Wespchen, adultes Weibchen

Speckkäfer-Wespchen

Laelius pedatus (Say)
Familie: Ameisenwespchen (Bethylidae)

Das Speckkäfer-Wespchen *Laelius pedatus* ist 3 bis 5 mm lang und glänzend schwarz. Die Flügel sind transparent und zeigen keine erkennbare Äderung. Die Weibchen sind in der Regel größer, die Männchen haben vergleichsweise längere Fühler.

Lebensweise. Das Speckkäfer-Wespchen kann sich an einer Reihe von Speckkäferlarven entwickeln, insbesondere Larven der Gattungen *Anthrenus* und *Trogoderma*. In Mitteleuropa ist diese Schlupfwespe inzwischen heimisch geworden, doch ursprünglich stammt sie aus Nordamerika. Die Speckkäferlarven werden anhand ihres Geruchs aufgespürt, überwältigt, angestochen und gelähmt. Dadurch werden Weiterentwicklung und Fraßaktivität sofort unterbrochen.

Laelius pedatus schleppt gelähmte Larven rückwärts gehend an eine ruhige Stelle. Das Weibchen entfernt zunächst die Borsten an der Bauchseite der Wirtslarve. Dann legt es mehrere Eier außen an die Käferlarve. Nicht alle gelähmten Larven werden mit Eiern belegt. Die übrigen dienen den adulten Tieren teilweise als Nahrung. So erreichen die Wespen auch über ihre Vermehrungsrate hinaus Bekämpfungserfolge gegen Vorratsschädlinge. Zudem können sie auch ohne Paarung – sofort nach dem Schlupf aus den Kokons – Wirtslarven attackieren und Eier ablegen, aus denen dann aber nur Männchen schlüpfen.

Insgesamt legt ein Weibchen in seinem etwa achtwöchigen Leben zwischen 20 und 70 Eier. Pro Wirt werden meist ein bis drei Eier gelegt. Die Wespenlarve saugt die Käferlarve von außen her aus und verpuppt sich dann in einem Kokon in geringer Entfernung. Die Entwicklungsdauer von etwa einem halben Jahr kann sich bei warmen Temperaturen bis auf einen Monat verkürzen. Da sie auch niedrigere Temperaturen in Winterruhe überdauern, können sich die Wespen in frostfreien Räumen langfristig etablieren.

Parasitierte Arten. Das Speckkäfer-Wespchen parasitiert Speckkäferlarven ab dem dritten Entwicklungsstadium.

Parasitierte Arten
- Wollkrautblütenkäfer, *Anthrenus verbasci*
- Teppichkäfer, *Anthrenus scrophulariae*
- Museumskäfer, *Anthrenus museorum*
- Berlinkäfer, *Trogoderma angustum*
- Khaprakäfer, *Trogoderma granarium*
- *Trogoderma glabrum*
- *Trogoderma variabile*

Das Speckkäfer-Wespchen ist auf das Parasitieren von Larven einiger Speckkäfergattungen spezialisiert, die sich durch ihre Pfeilhaare gegen den Angriff vieler anderer Nützlinge schützen. Im Vorratsschutz steht der Einsatz gegen den Berlinkäfer im Vordergrund, z. B. in Tee- und Gewürzlagern. Im Materialschutz erfolgt die biologische Schädlingsbekämpfung in Museen und Archiven gegen Textilschädlinge.

Die Wirksamkeit unterscheidet sich in Abhängigkeit von den Wirtsarten. So erreicht eine weibliche Wespe jeweils folgende Kontrollerfolge:
- 75 Larven des Wollkrautblütenkäfers parasitiert oder abgetötet
- 37 Berlinkäferlarven parasitiert und vollständig abgetötet
- 44 Khaprakäfer-Larven angegriffen, aber nur 26 davon abgetötet (der Rest erholte sich nach vierwöchiger Lähmung wieder)
- Minderung von Khaprakäfer-Befall um 75 Prozent nach sechs Wochen (Nützlingsdichte eine Wespe je 25 Käfer)

Einsatzbereiche. Empfohlen wird für diesen flugfähigen Nützling das Ansiedlungsverfahren (inokulative Bekämpfung). Freilassungen können im monatlichen Abstand erfolgen, um eine Nützlingspopulation aufzubauen.

Kombination mit anderen Maßnahmen. Kontaktinsektizide töten auch Speckkäferwespchen ab. Eine Kombination ist mitunter möglich, z. B. bei Inertgasbehandlung von Gütern und Leerraumbehandlung mit Speckkäfer-Wespchen nach der Belüftung.

Einsatzbedingungen
- Benötigte Temperaturen zur Eiablage 20 bis 35 °C
- 10–90 % relative Luftfeuchte
- Schüttgut: Speckkäfer-Wespchen können Schädlinge bis in 90 cm Tiefe von Getreideschüttungen erfolgreich kontrollieren. Einzelne Wespen dringen noch tiefer ins Getreide ein.
- Nicht parasitiert werden die verwandten Pelzkäfer (*Attagenus* spp.), Echten Speckkäfer (*Dermestes* spp.), der Australische Teppichkäfer (*Anthrenocerus australis*) und *Anthrenus flavipes*!

Wanzen (Hemiptera)

Lagerpirat auf der Suche nach Motteneiern an Rosinen

Lagerpirat

Xylocoris flavipes (Reuter)
Familie: Blumenwanzen (Anthocoridae)

Die 2 bis 3 mm langen Lagerpiraten *Xylocoris flavipes* (Reuter) sind als erwachsene Tiere dunkelbraun. Die Flügel reichen bei manchen Individuen bis zum Hinterleibsende und sind bei anderen stark verkürzt. Die Weibchen sind größer als die Männchen, wenn der Hinterleib prall mit Eiern gefüllt ist. Die Jugendstadien, auch als Nymphen bezeichnet, ähneln den ausgewachsenen Wanzen bis auf ihre gelbliche bis rote Färbung und das Fehlen der Flügel. Die Raubwanzen haben relativ lange Fühler und lange stechend-saugende Mundwerkzeuge. Die Eier sind rötlich und mit dem für Wanzen charakteristischen Deckel versehen.

Lebensweise. Der Lagerpirat ist eine weit verbreitete räuberische Blumenwanze, die ein breites Spektrum an vorratsschädlichen Käfern, Motten sowie Milben und Staubläusen angreift. Mit ihren Mundwerkzeugen injizieren die Wanzen ein tödliches Gift und saugen die Beute aus. Durch diese Technik sind die kleinen Raubwanzen in der Lage, Insekten zu erbeuten, die deutlich größer sind als sie selbst. Sie bevorzugen junge Entwicklungsstadien als Beute und saugen auch Eier aus.

Erbeutete Arten. Als Beute des Lagerpiraten sind unter anderen folgende Arten bekannt:

Erbeutete Arten
- Reismehlkäfer (Rotbrauner, Amerikanischer)
- Getreide- und Erdnussplattkäfer
- Speisebohnenkäfer
- Getreidekapuziner
- Wollkrautblütenkäfer
- Australischer Teppichkäfer
- Pelzkäfer (Schwarzer, Brauner)
- Dörrobstmotte

Einsatzbereiche. Die Raubwanze ist besonders wirkungsvoll in der Kontrolle von kleinen Schädlingen, die sich frei in Produktresten oder im Lagergut bewegen. Insbesondere gut zugänglich abgelegte Eier und frühe Larvenstadien werden vernichtet. Ausgewachsene Käfer werden seltener angegriffen (zum Beispiel, wenn andere Beutetiere nicht verfügbar sind, oder während der Paarung). Von den sich versteckt entwickelnden Beutearten werden Entwicklungsstadien angegriffen, die sich zeitweise außerhalb der Samen befinden. Beim Speisebohnenkäfer und der Getreidemotte sind dies die Eier, die lose ins Vorratsgut gelegt werden, sowie frisch geschlüpfte Larven vor der Einbohrung in den Samen.

Einsatzbedingungen

- Eiablage bei 18–38 °C
- Die Lagerpiraten werden aus Röhren auf Oberflächen oder ins Schüttgut gegeben. Pro 10 m² werden etwa 30 Lagerpiraten zur Prophylaxe bzw. zur Bekämpfung von Schädlingen an Reinigungsschwachpunkten eingesetzt.
- Eine Mischung aus Larven und erwachsenen Lagerpiraten wird ausgebracht. Eine Vermehrung im Lager findet jedoch meist nicht statt. Daher wird die Freilassung nach vier Wochen bzw. monatlich wiederholt.
- Der Lagerpirat kann mit der Lager-Erzwespe kombiniert werden, wenn sowohl Primärschädlinge und Sekundärschädlinge bekämpft werden sollen, z. B. Kornkäfer und Reismehlkäfer.

Service

Weiterführende Literatur

Adler, C. (1998): What is Integrated Stored Product Protection? In Adler, C., und M. Schöller (Hrsg.): Proceedings of the meeting of the IOBC-WPRS study group „Integrated Protection of Stored Products“, Zürich, 31.08.–02.09. 1997, IOBC-Bulletin 21 (3): 1–8.

Adler, C. (2006): Efficacy of heat against the mediterranean flour moth *Ephestia kuehniella* and methods to test the efficacy of a treatment in a flour mill. In: Proceedings of the 9th International Working Conference on Stored Product Protection, Campinas, 15.–18.10.2006, 741-746.

Adler, C., & C. Reichmuth (2013): Untersuchungen zur Abtötung der Dörrobstmotte *Plodia interpunctella* und des Brotkäfers *Stegobium paniceum* mit Kälte bei −10 °C, −14 °C und −18 °C. Journal für Kulturpflanzen 65(3), 110-117.

Adler, C., H.-G. Corinth & C. Reichmuth (2000): Chapter 5 – Modified atmospheres. In: B. Subramanyam & D. Hagstrum (Hrsg.): Alternatives to pesticides in stored-product IPM, Kluwer Academic Publ. Group, 105–146.

BVL (2020): Absatz an Pflanzenschutzmitteln in der Bundesrepublik Deutschland. Ergebnisse der Meldungen gemäß § 64 Pflanzenschutzgesetz für das Jahr 2019. BVL, Braunschweig. Erling, P. (Hrsg.) (2019): Handbuch Mehl- und Schälmüllerei, 4. Aufl., Erling-Verlag, Clenze.

Gengenbach et al. (2013): Getreidelagerung – Sauber – sicher – wirtschaftlich. DLG-Verlag, Frankfurt.

Heaps, J. W. (Hrsg.) (2006): Insect management for food storage and processing. Second edition. AACC International, St. Paul, Minnesota.

Kühne, S., U. Burth & P. Marx (Hrsg.) (2006): Biologischer Pflanzenschutz im Freiland. Pflanzengesundheit im Ökologischen Landbau. Verlag Eugen Ulmer, Stuttgart.

Lindhauer, M. G., K. Lösche & T. Miedaner (Hrsg.) (2017): Warenkunde Getreide. 7. Aufl. Erling-Verlag, Clenze.

Lebensmittelchemische Gesellschaft (Hrsg.) (2005): Schädlingsbekämpfung in der Lebensmittelproduktion. Behr’s Verlag, Hamburg.

Reichmuth, C., M. Schöller & C. Ulrichs (1997) Vorratsschädlinge im Getreide. Verlag Th. Mann, Essen.

Reichmuth, C. (Hrsg.) (1998): 100 Jahre Pflanzenschutzforschung. Wichtige Arbeitsschwerpunkte im Vorratsschutz. Mitteilungen aus der Biologischen Bundesanstalt für Land- und Forstwirtschaft, Heft 342, 85–189.

Subramanyam, B., & D. W. Hagstrum (Hrsg.) (2000): Alternatives to pesticides in stored-product IPM, Kluwer Academic Publishers, Dordrecht.

Zusätzliche Informationsquellen

https://pflanzenschutz-oekolandbau.de
Online-Bestimmungshilfe für Schaderreger im Vorratsschutz

https://offene-naturfuehrer.de/web/Vorratsschädliche_Gliedertiere_(JKI)
detaillierter Bestimmungsschlüssel für vorratsschädliche Gliedertiere

https://www.erling-verlag.com/Agrimedia/Getreide
Bestellmöglichkeit für Poster von Schädlingen in der Getreidelagerung und -verarbeitung

https://www.bvl.bund.de/DE/04_Pflanzenschutzmittel/01_Aufgaben/02_ZulassungPSM/psm_ZulassungPSM_node.html
Listung zugelassener Pflanzenschutzmittel durch das Bundesamt für Verbraucherschutz und Lebensmittelsicherheit

https://www.baua.de/DE/Biozid-Meldeverordnung/Offen/offen.html
Listung zugelassener Biozidprodukte durch die Bundesanstalt für Abreitsschutz und Arbeitsmedizin

https://www.lebensmittelverband.de/de/lebensmittel/sicherheit/hygiene
Listung der Leitlinien für gute Hygienepraxis in verschiedenen Bereichen der Lebensmittelproduktion

Bildquellen

Adler, Cornel: S. 20, 21, 22, 23, 25, 27 u., 28 u., 29 o., 29 u., 32, 33 o., 34, 38, 41, 48, 116
Burghardt, Luis: S. 151
Julius Kühn-Institut, Institut für Ökologische Chemie, Pflanzenanalytik und Vorratsschutz: S. 128
Kühne, Stefan: S. 27 o., 34, 58 u., 82, 84, 86, 87 u., 88, 90, 92, 93, 94, 96 u., 98, 99, 100, 101 u., 102, 103, 108, 110, 112, 114, 118, 119, 122, 126, 139, 144, 150, 152, 154, 156, 160, Titelbild
mauritius images: S. 104 o., 104 u., 132, 133 o., 133 m., 133 u., 138
Preißel, Sara: S. 82, 84, 86, 87 o., 87 u., 88, 90, 92, 93, 94, 96 u., 98, 99, 100, 101 o., 101 u., 102, 103, 105 o., 105 u., 108, 110, 112, 114, 118, 119, 122, 126
Prozell, Sabine: S. 28 o., 30 o., 30 u., 31, 42, 58 o., 61, 62, 65 o., 65 u., 66, 67, 68, 70, 73, 75, 91, 136
Schöller, Matthias: S. 33 u., 60, 63, 96 o., 148
Die Zeichnungen fertigte Helmut Flubacher (Stuttgart) nach Vorlagen der Autoren.

Sachregister

K

L

M

S

T

U

V

Artenregister

Symbole

Symbol	Bedeutung	Siehe Seite
	Physikalisches Verfahren: Warmluftbehandlung Wird hauptsächlich in leeren Räumen angewendet. Vergleichbar sind Heißdampfentwesungen, z. B. bei Gewürzen oder die gezielte Wärmebehandlung mit Infrarot-Strahlung	35
	Physikalisches Verfahren: Kältebehandlung Wird bei hochwertigen Produkten angewendet, z. B. Trockenobst, Gewürze, Tees. Natürliche Frostperioden können zur Getreidekühlung genutzt werden.	38
	Physikalisches Verfahren: Mechanische Bekämpfung Durch Siebung (Sichtung) können Insekten aus Körnerfrüchten abgetrennt werden. Auch eine Trennung von mehlförmigen Gütern ist möglich. Prallmühlen können befallenes Getreide zerschlagen und so internen Insektenbefall bekämpfen.	40
	Biologisches Verfahren: Einsatz von Nützlingen Schlupfwespen und Räuber können Erstbefall und geringe Zahlen an Schadinsekten an der Massenvermehrung hindern, vorausgesetzt der geeignete Nützling trifft auf den geeigneten Schadorganismus.	43
	Biologische / biotechnische Wirkstoffe: Pheromone sind Duftstoffe, die zwischen Insekten als Botenstoffe zur Kommunikation eingesetzt werden. Man setzt sie in Fallen zur Früherkennung ein, aber z.T. auch zur Verwirrung.	43
Kieselgur	**Naturstofflicher Wirkstoff: Kieselgur (Diatomeenerde)** ist ein Staub aus fossilen Kieselalgen und wird eingesetzt, um Insekten auszutrocknen.	44
CO_2	**Naturstofflicher Wirkstoff: Kohlendioxid** kann als Gas zur Bekämpfung angewendet werden und wirkt durch den Mangel an Sauerstoff aber auch durch Übersäuerung. Es wird auch in Hochdruckkammern eingesetzt.	46
	Synthetische Insektizide können gasförmig sein oder als Sprüh-, Spritz-, Nebel-, oder Stäubemittel angewendet werden (Nicht zulässig im Ökolandbau).	49

Impressum

Anmerkung zur Schreibweise (Gendering) der weiblichen, männlichen und unbestimmten Form:
Ausschließlich aufgrund der deutlich besseren Lesbarkeit wird in diesem Werk auf die jeweilige Mehrfachnennung oder Anpassung der Schreibweise bestimmter Bezeichnungen verzichtet.

Bibliografische Information der Deutschen Nationalbibliothek
Die Deutsche Nationalbibliothek verzeichnet diese Publikation in der Deutschen Nationalbibliografie; detaillierte bibliografische Daten sind im Internet über http://dnb.d-nb.de abrufbar.

Wollgrasweg 41, 70599 Stuttgart (Hohenheim)
E-Mail: info@ulmer.de
Internet: www.ulmer.de
Projektleitung: Pia Fehrenbach
Lektorat: Michael Kokoscha
Herstellung: Katharina Merz
Umschlaggestaltung: Verlag Eugen Ulmer
Satz: primustype Hurler GmbH, Notzingen
Reproduktion: time:ray, Jettingen
Druck und Bindung: Livonia Print, Lettland
Printed in Latvia

MIX
Papier aus verantwortungsvollen Quellen
FSC® C002795

ISBN 978-3-8186-0921-4